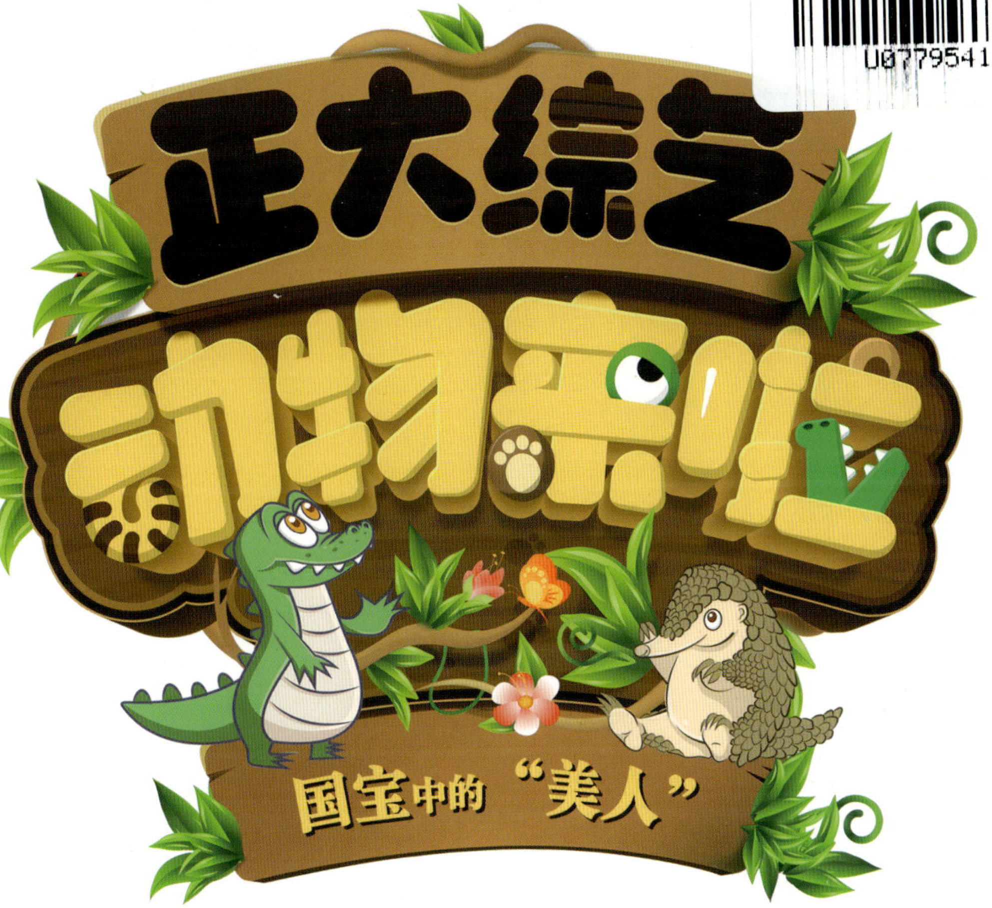

正大综艺 动物来啦

国宝中的"美人"

《正大综艺·动物来啦》节目组 / 组编

宋晓津 任艳 朱德华 / 改编

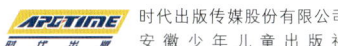

时代出版传媒股份有限公司
安徽少年儿童出版社

图书在版编目（CIP）数据

正大综艺·动物来啦.国宝中的"美人" /《正大综艺·动物来啦》节目组组编；宋晓津，任艳，朱德华改编.— 合肥：安徽少年儿童出版社，2024.10
ISBN 978-7-5707-1740-8

Ⅰ.①正… Ⅱ.①正… ②宋… ③任… ④朱… Ⅲ.①动物 - 儿童读物 Ⅳ.①Q95-49

中国国家版本馆CIP数据核字（2024）第048458号

ZHENGDAZONGYI DONGWU LAILA GUOBAO ZHONG DE MEIREN
正大综艺·动物来啦·国宝中的"美人"

《正大综艺·动物来啦》节目组/组编
宋晓津　任艳　朱德华/改编

出 版 人：李玲玲	策　划：唐　悦	责任编辑：方　军	
责任校对：徐庆华	美术编辑：唐　悦	内文摄影图：壹图网　视觉中国　等	
内文插画：冯　文	印　制：朱一之		

出版发行：安徽少年儿童出版社　　E-mail:ahse1984@163.com
　　　　　新浪官方微博：http://weibo.com/ahsecbs
（安徽省合肥市翡翠路1118号出版传媒广场　　邮政编码：230071）
出版部电话：（0551）63533536（办公室）　63533533（传真）
（如发现印装质量问题，影响阅读，请与本社出版部联系调换）

印　　制：安徽新华印刷股份有限公司
开　　本：787 mm × 1092 mm　　1/16　　印张：8.75　　字数：108千字
版　　次：2024年10月第1版　　2024年10月第1次印刷

ISBN 978-7-5707-1740-8　　　　　　　　　　　　　　　　　　定价：40.00元

版权所有，侵权必究

本书编委会

总策划：贺亚莉　过　彤
执行主编：卢小波　林　锋　王雪纯　李知知
编　　委：郑　敏　张　琳　秦　峰　白秋立　黄宇霏　历文娟

关爱生命，是最正大无私的奉献

爱是 Love，爱是 Amor，爱是 Rarc

爱是爱心，爱是 Love

爱是人类最美丽的语言

爱是正大无私的奉献

这首伴随我们成长的歌曲，令我们回想起 20 世纪 90 年代初开播的中央广播电视总台综艺节目——《正大综艺》！更让我难以想象的是，我竟然为这一节目前前后后工作了近 5 年！如今，呈现在广大读者面前的这套书——《正大综艺·动物来啦》，正是过去近 5 年来，该节目制作内容的科普总结。

2017 年仲夏，著名主持人、节目制作人暨《正大综艺》节目负责人王雪纯老师来国家动物博物馆找我。彼时，她正在制作另外一档大型科学实验节目——《加油！向未来（第二季）》（以下简称《加油》）。原本，她主要谈及将一些动物请到《加油》节目里充当"演员"，也给"科学实验"增添动物元素，但是我始终担心，如果把动物引入节目现场，以操作实验的形式展示给观众似乎不妥，毕竟它们是生命，很难像机械那般随意操控。

王雪纯老师甚为谦逊，非常认同我的观点，她特别想做一些关于动物的科普节目，当即表达了希望未来可以合作动物科普节目的愿望。老实讲，我当时就是那么一听，以为她也就是这么一说而已。

殊不知，过了一两个月，王雪纯老师带着团队主创人员再次亲临国家动物博物馆，盛情地邀请我作为她的新节目《正大综艺·动物来啦》的常驻嘉宾，我简直不敢相信自己的耳朵。我竟然有机会成为我小时候观看的电视节目的嘉宾！

就这样，经过一段时间的筹备，2017年12月14日，我和北京动物园饲养管理员杨毅兄一同成为《正大综艺·动物来啦》节目的嘉宾，来到北京市丰台体育中心摄影大棚，与主持人高博老师及几组家庭一道，正式开始录制该节目。一直到2022年4月节目停播，《正大综艺·动物来啦》前后录制了近200期。后来，《正大综艺》改版为聚焦全国首批乡村旅游重点镇的推介节目，我仍然有幸继续担任嘉宾；直到今天，我还会偶尔去节目中"嗨"上一把！

毫无疑问，《正大综艺·动物来啦》丛书是该节目的"顺产儿"——电视节目配图书出版，这似乎是中央广播电视总台的传统。我小时候就买过《动物世界》一书，王雪纯老师还出版过《加油！向未来》丛书。书中最精彩的内容，通常便是节目中最精彩的内容。这得益于王雪纯老师坚强而直接的领导，以及制片人、总导演、导演、主持人、竞猜选手的共同努力！

既然是科学节目，既然是科普读物，那么，它的科学性必将是第一位的！在科学性、趣味性甚至收视率面前，王雪纯老师依然是一位坚定的科学主义者；她从来没有为了收视率而妥协、折中，放弃与科学相关的元素及一切有科学价值的东西。这一点，我着实钦佩她！

首先，我和杨毅兄都认为拍摄中国本土动物是首要任务，宣传介绍中国土生土长的野生动物是节目的首选！这一点，王雪纯老师对所有导演都反复强调，竭力提升每一位导演的思想意识。

其次，关于动物名称的规范——中文名和拉丁文学名之使用，很多科普节目、科普读物都不太在意这个动物叫什么，也不爱使用学名：细尾獴被称作狐獴，狨和狑（xū）被笼统地叫作狨或柽（chēng）柳猴、绢毛猴，鵎鵼（tuǒ kōng）习惯性地被称为巨嘴鸟……但正是我和杨毅兄的坚持，才使整个节目组都非常认真地与我们确定了动物的名称、叫法。尽管有的时候我们也认为没必要那么苛刻，但既然决定按照传统的、规范的、专业的来，那么无论是科学顾问，还是制片人、导演，都会把科学性、专业性放在第一位！王雪纯老师再一次强有力地支持了我们，她常对导演们说："这些问题要听专家的！"这充分体现了王雪纯老师对我们的尊重，也令我们对她倍加敬重！

再次，王雪纯老师对我们反复强调，《正大综艺·动物来啦》就是希望改变观众或读者一贯的错误思维、荒谬认知，她甚至说："不要总是你以为的就是你以为的。"事实上，我们每个人都不能想当然，做节目、做书都是这样，要摆事实、讲道理，更要拿出科学数据或科学证据来证实或证伪。总之，做科学节目或做科普读物，都要有科学精神——实事求是，决不人云亦云。所以，《正大综艺·动物来啦》甚至成为"辟谣"节目，匡正错谬，以正视听！

不过，《正大综艺·动物来啦》毕竟是一档综艺节目，所以，趣味性非常重要且不可或缺！不仅是导演们选择的动物要有趣，而且要深度挖掘动物及其与饲养员之间的故事。有说相声功底的杨毅兄更是以他独特、幽默的表达方式解析了各种动物的有趣行为。我们非常尊敬的主持人高博老师，在台上逻辑清晰、反应敏捷、知识面广且极为风趣幽默，为节目平添了十足的活跃感。这些有趣、好玩、寓教于乐的知识点，也同样呈现在了这套书中！

最后，我想说的是，这档节目及这套书的价值取向和情感输出。每一个生命都值得尊重，每一种动物都是平等的，每一个物种都在生态系统中发挥着不可替代的作用！我们展现在大家面前的动物，是有情感的、是美的，是值得我们每个人去欣赏、去热爱、去关心甚至要以行动去保护的。

我们非常注重"升华"，但绝不是做作的、刻意为之的。在动物园生活的动物，它们有故事，有与饲养员的感情交流。我记得在录制北京动物园的中美貘、南美貘那一期时，在场的人几乎都被饲养员精心照顾它们的故事感动得潸然泪下。在自然保护区或国家公园生活的野生动物，它们顽强生存的精神，也值得我们去体会、感悟。

我记得我在节目后期说的最多的话就是，我们国家的生态文明建设关乎每一位老百姓的生存与生活；我们现在正在从事以国家公园为主体的自然保护地体系建设，就是要保护、修复野生动物赖以生存的栖息地，让生物多样性得以延续；这归根结底是为了人与自然和谐相处，建设美丽中国，造福人类！

时间过得真快，三四年前，节目录制面临着各种困难和挑战；但不论是节目组，还是直接领导节目的"央视创造传媒"乃至正大集团江吉雄先生等诸位领导，都全力以赴、攻坚克难，将节目尽可能制作得令大家满意。

今天，当我看到《正大综艺·动物来啦》这套书的时候，每一期生动有趣的节目又展现在我的面前。我和杨毅兄都难以忘怀，我们和导演们对题、对台本的日日夜夜——4年多来，我俩每周都会有一个晚上要去"央视创造传媒""上班"。

这套书的出版得益于节目的总策划，以及制作节目的制片人和导演、出版社编校人员的辛勤付出。遗憾的是，我并没有具体撰写本书的文字，但书里的每一个字对我而言又是那么亲切。希望大朋友、小朋友们能像喜爱节目那样，喜欢并支持这套书。

读万卷书，行万里路。从书中汲取养分，再回归荒野，回到大自然中探寻生命之伟大与神奇。最终，以我们的行动去保护、关爱、关注这些生灵——因为爱，是正大无私的奉献！

是为序。

张劲硕

博士、研究馆员、研究员
国家动物博物馆馆长
2024 年 9 月 13 日

目录

谁是鸟类中的"爱因斯坦" /1
赤大袋鼠宝宝的成长秘密 /4
为了回到母亲河的怀抱 /7
"铁齿铜牙"丹顶鹤 /11
扬子鳄的恋爱季 /14
濒危的安吉小鲵 /15
至高无上的环尾狐猴女王 /16
"话痨"大熊猫 /19
飞得有仪式感的瓢虫 /22
白头叶猴宝宝的成王之路 /25
与人比邻而居的朱鹮 /28
国宝中的"美人" /29
会滑翔的鼯鼠 /30

朱鹮归乡 /32
动物界的"高级工程师" /35
美丽又危险的火焰海胆 /38
蜜蜂的色彩偏好 /40
"鲁恩"爸爸和它的"熊孩子" /43
《天鹅湖Ⅱ》的演员海选 /46
幸福的红嘴蓝鹊一家 /49
洞穴里的"一帘幽梦" /50
飞翔吧,东方白鹳 /52
鹿王争霸赛 /55
黄喉貂的绝招 /58
神话之鸟——中华凤头燕鸥 /61
昆虫界的"伪装大师" /64

红艳艳的巨红蝽 /65

稀有昆虫——格彩臂金龟 /66

猞猁的体重 /68

蜥蜴中的活化石——鳄蜥 /71

生态环境的指示性物种——蝾螈 /72

华南虎宝宝上学记 /73

巡护员防御毒蛇有妙招 /76

生活在神农架的"四不像" /77

1、2、3，木头人 /78

与搜救犬捉迷藏 /81

深山寻鱼记 /84

新手警犬和它的搭档 /87

大金雕的捕食示范课 /91

悬崖上的"千花蜜" /92

天敌繁育场 /95

探访金丝猴 /98

与白头叶猴说"早安" /101

夜访凭祥睑虎 /105

大山里的鹦鹉"晨会" /108

赵站长和他的"小平安" /111

梅花鹿的"秋装" /114

虎啸山岗的真真假假 /117

精致"大橘猫"的优雅生活 /121

为华南虎宝宝打针有绝招 /124

奔跑在青海湖畔的普氏原羚 /128

寻找攀岩高手 /129

主持人：《乌鸦喝水》的故事大家都听过，故事里的乌鸦会利用工具达到喝水的目的，可以说是绝顶聪明了。不过，其他鸟儿听了这个故事后，纷纷表示不服。你瞧，有一群鹦鹉就站出来，要为自己发声呢！

谁是鸟类中的"爱因斯坦"

远离北京城的繁华和喧嚣，在一座环境优美、植被茂密的庭院里，有一群鹦鹉生活在这里。

这里是北京南宫鹦鹉园，园里的"居民"是五颜六色、造型各异的鹦鹉。它们互助互爱、气氛融洽，直到一则《乌鸦喝水》的寓言故事传进了它们的耳朵里……

"金刚""小白"和"小粉"是不同种类的鹦鹉，它们听到人类说乌鸦聪明，立刻表示反对。

"乌鸦聪明？怎么可能呀！它们天生一副破嗓子不说，还其貌不扬。有句话怎么说的来着？天下乌鸦一般黑。更重要的是，它们能像我们鹦鹉一样，学说人类的语言吗？"

既然三只鹦鹉这么不服气，那我们就来玩一场闯关游戏，用实力证明谁才是鸟类中的"爱因斯坦"吧！

我们为三位参赛选手准备了未注满水的水杯，即使伸进脑袋，鹦鹉也够不到水面。三只鹦鹉见

是一道乌鸦做过的"老题",一只只跃跃欲试。哎哟,出师不利,队长金刚的嘴被窄窄的玻璃杯口卡住了!

"金刚,你头太大,一看就不行。"小白在一旁揶揄道。

"说得好像你行似的!你的发型弄得这么夸张,你倒是喝一口让我看看?"金刚也不示弱。

"喝就喝,谁还没喝过水啊?"小白走到杯子边,咔嗒——它的嘴也被卡住了。

十分钟过去了,水杯依然静静地摆放在它们身边。

"不对,我们得捋一下!不是考怎么喝水吗?直接放倒水杯呗!"还没等那两位反应过来,金刚一下子就扳倒水杯,水洒了一地……

"你这么玩,我们还喝什么啊?"小粉站在一旁无奈地问。

"不管了,反正我不渴。"金刚一脸不屑。

你发现了吗?刚才的考题确实超纲了,因为缺少一件重要的道具——石子。接下来,我们加上石子,看看三位的表现吧。

金刚走进赛场,端详了一下地上的石子——这么大,应该不是让我们吃下去助消化的!

"金刚,你可以把石子扔进水杯试一试。"小粉果然机智。

"嗯,我来试试!一颗、两颗、三颗……嘿,水位升高了,果然奏效,可以喝到水啦!美丽与智慧并存的鸟类果然是我们鹦鹉!"金刚兴奋地大叫。

鹦鹉的平均智商比乌鸦高。

A. 真的 B. 假的

嘉宾观点

小泽：我认为是假的。我养过鹦鹉，能学人说话并不是因为它有多聪明，而是因为它可以像录音带一样"复刻"人的话。乌鸦就不同了，它能记住人的脸，这就能显示出它的高智商。

张博士的科学小课堂

有一种生物学认知认为，判断人的聪明程度一般要看"脑容比"。大脑的重量除以身体的重量，得到的比值就叫脑容比。人类的脑容比可以达到10%～12%，有些特别聪明的人，如大科学家爱因斯坦的脑容比，可能达到13%。乌鸦的脑容比也达到了人类的水准，在整个自然界的鸟类中，它的脑容比是最高的，个别甚至接近13%。我们再看鹦鹉，全世界鹦鹉的种类有近400种，从平均智商看，鹦鹉和乌鸦比还是略逊一筹。

主编爷爷答B，你答对了吗？

主持人：我们平常提到袋鼠，会想到它们喜爱打斗，也知道袋鼠妈妈的育儿袋里装着小袋鼠，但对于袋子里是什么样，小袋鼠在袋子里的发育过程，知道的就不多了。今天的《动物生存大讲堂》，我们邀请到小袋鼠老师，让它给我们上一堂关于袋鼠的成长课。

赤大袋鼠宝宝的成长秘密

大家好，我是今天的代课老师——赤大袋鼠宝宝。我现在9个月大，刚从妈妈的育儿袋里爬出来，能下地活动。你们别看我年龄小，就不把我当老师哟，我踢起人来会让你们疼到尖叫的！

说到袋鼠的特色，当然不得不提肚子上的袋子啦！袋子是不久前我住在妈妈身体上的"专属宝宝房"。我刚出生时，只有人

类的手指那么大,妈妈会耐心地在自己的肚子上帮我舔出一条"道路",这样我就能沿着这条路,一点点爬进妈妈的袋子里。这条路对刚出生的我来说,确实很远。虽然进入袋子的过程漫长又艰辛,但是,等进了袋子,里面安全、温暖、舒适的环境能让我开心到起飞!最重要的是,在里面还可以喝到妈妈甘甜的乳汁。这个时期你们确实无法看到我,等过一段时间,我的毛长出来了,眼睛睁开、头也探出来了,你们就能见到我了。6-8个月大时,我会从育儿袋里跳出来,自己下地生活,要是遇到危险状况,我还是会躲进妈妈的育儿袋里。随着体形越长越大,我就不能躲进妈妈温暖的袋子里,只能含泪和"专属宝宝房"说再见了!

　　我在袋子里住了大约200天,吃喝拉撒都在袋子里。你可能会好奇,妈妈是怎么清理袋子,让我保持身体健康的呢?

请答题

雌性赤大袋鼠通过什么方式清理育儿袋？

A. 用前肢掏出脏东西　　B. 用舌头舔舐

C. 不用清理，排泄物可自然吸收

嘉宾观点

小泽：我选C。我排除A，是担心它用前肢清理，会误伤到宝宝。

小浩：我选C。用舌头舔我会担心，它的头能伸进育儿袋里吗？

小丽：我选B。9个月大的小袋鼠还能躲回育儿袋，那时它的体形已经相当大了，所以妈妈的脑袋也一定可以伸进袋里，然后用舌头清理。刚才的介绍也让我知道，小袋鼠出生后是沿着妈妈舔出的"道路"钻进袋子里的，既然出生时就可以做到，那么为什么不能通过舔舐清理育儿袋呢？

原来如此

赤大袋鼠宝宝：我们袋鼠宝宝在袋子里产生的生活废物，都是妈妈一点点舔舐干净的。为了保持"专属宝宝房"的整洁，让我们健康成长，妈妈可是付出了很多。等我们长大了，一定要好好孝敬妈妈，谢谢它带给我们生命，让我们健康长大，见证这多姿多彩的世界！

张博士的科学小课堂

袋鼠不可能用前肢来清理袋子，虽然它能像人一样站立，但"手"并不像人那样有抓握功能。育儿袋里的粪便是无法被身体皮肤吸收的，只能依靠舔舐来清理。有袋类动物演化到今天，舔舐、清理是它们具有的特殊习性和行为。

正确答案是B，你答对了吗？

主持人：人类发现的地球上的动物，有些名字带有文化或地域色彩。比如，带有"中华"二字的动物就有中华鲎（hòu）、中华蜜蜂、中华剑角蝗、中华鲟……说到中华鲟，名气相当大，但种群数量也相当稀少。有这样一群人，为了保护中华鲟而默默坚守，今天我们就带大家去看看他们的工作！

为了回到母亲河的怀抱

中华鲟的生存历史比大熊猫还要悠久，被誉为"水中大熊猫"，它在地球上至少繁衍了 1.4 亿年。但令人揪心的是，近年来，由于人类过度捕捞和环境污染，中华鲟的自然繁殖数量正急剧减少。为了让中华鲟野外种群数量尽快恢复，让它们重回长江这条"母亲河"的怀抱，科研工作者正努力探索人工培育中华鲟的方案。今天，动物观察员小玲带我们来到了中国水产科学研究院长江水产研究所中华鲟繁育基地，看看科学家是如何人工繁殖中华鲟的。

在野外，每年 10–11 月，中华鲟会游到长江上游繁殖，往返路程长达 5000 千米。不过，近 3 年的野外调查显示，没有野生中华鲟自然排卵情况出现。人工养殖的中华鲟目前虽有 3000 多尾，但至少要长 14 年才能达到繁殖要求，而人工养殖环境有限，

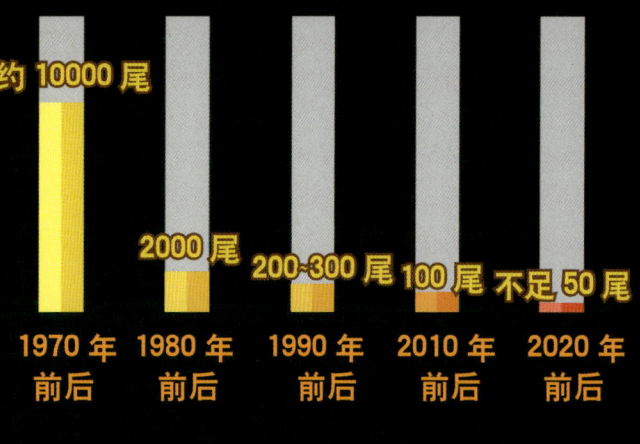

长江流域中华鲟繁殖群体数量对比图

- 1970年前后：约 10000 尾
- 1980年前后：2000 尾
- 1990年前后：200-300 尾
- 2010年前后：100 尾
- 2020年前后：不足 50 尾

没有足够的水域供其生活,加上每年成熟的比例还不到1%,成熟的雌鱼更是少之又少,所以要想扩大种群数量依然任重道远。是否能够选到适合繁殖的中华鲟,对科研人员来说是巨大的挑战。

为了更准确地挑选适合繁殖的成体鱼,科研人员借助科技手段——给中华鲟做B超,观察它们的性腺是否发育成熟。经过对40多尾中华鲟的检测,科研人员终于发现了1尾长有卵粒、适合繁殖的雌鱼!精心挑选出的中华鲟雌鱼和雄鱼被转移到基地产房后,科研人员会给中华鲟雌鱼打催产针,静待36个小时,就可以进行取卵工作了。

让动物观察员没想到的是,打完催产针的中华鲟雌鱼排卵并不顺利,科研人员只能着手实施人工排卵计划。工作人员在人工池内搭建起床架,七八个人穿着防水服,站在寒冷的池子里,给中华鲟雌鱼按摩肚子,让其肚子里的卵子能够顺利排出体外。在人类的帮助下,中华鲟雌鱼终于排出了鱼卵。为了取到雄鱼的精子,科研人员抓到雄鱼后,一边向其鳃部泼水,保证它能正常呼吸,一边为鱼擦拭身体。最终,科研人员取到了精子。

取到的鱼卵需要避光保存,得到科研人员允许,动物观察员掀开塑料盆,看到了鱼卵。

中华鲟的孵化过程让动物观察员感慨万千。原来,每一尾鱼苗的诞生都非常不易。我们希望它们能够顺利长大,让这极度濒危的物种能持续繁衍。保护中华鲟就是在保护长江的自然生态环境,也是保护人类的家园,保护我们自己!

抓取中华鲟

嘉宾观点

小泽：我选C。因为在自然条件下，不大可能出现醋酸类的物质，所以我认为是苏打水。

小张：我选C。如果在鱼卵里放醋，最后恐怕会变成一道菜，用排除法我认为加入的是苏打水。

小丽：我选A。在自然条件下的确不会有醋这类物质，但是不代表没有醋酸类的化学物质。

原来如此

资深科普达人杨毅：水的酸碱度（pH值）大于7时，属于碱性；小于7时则属于酸性。中华鲟比较特殊，酸性或碱性物质都会破坏它的精子活力，所以必须使用养过中华鲟的养殖用水，使它能更好地吸收水里的溶解氧。

原来如此

首先，刚取出卵子时，它们被包裹在一层透明的黏膜内，人们需要对卵子进行人工脱黏，这个过程耗时45分钟，之后卵子就变成了粒粒分明的样子；其次，人们将精子和卵子混合，这个过程被称作"干法受精"；再次，混合后需要快速加入养殖用水，加水的目的是激活精子，促使精子游向卵子，完成受精；最后，人们把受精卵放入孵卵箱内，受精卵充分吸收氧气后，成活率会大大提高。经过120个小时的孵化，人工养殖的中华鲟宝宝就出生啦！

张博士的科学小课堂

中华鲟是我国特有的长江水生生物。长江生态保护工作得到了党中央的高度重视，习近平总书记曾多次强调，不要对长江进行大规模建设，会影响生态环境，而这种影响是事关子孙后代的。所以，我们通过当前对中华鲟的保护，可以预判，未来，国家对长江流域的生态保护一定会做得越来越好。

正确答案是B，你答对了吗？

主持人： 提到"铁齿铜牙"这个词，你会想到什么呢？是鳄鱼、机器恐龙，还是电视剧里伶牙俐齿的纪晓岚呢？今天，我们要说的是"铁齿铜牙"丹顶鹤，用这个词来形容它，多少有点让人心疼。怎么回事呢？一起去看看吧！

"铁齿铜牙"丹顶鹤

吉林市野生动物保护站是吉林市唯一一家野生动物救助机构。保护站内现在生活着40多种、200多只动物，它们在美丽的松花江畔疗伤，等待着康复"出院"。保护站内有一只丹顶鹤十分吸人眼球——它有一副金属制成的喙。闪闪发光的金属喙让人颇为好奇，在它的身上，究竟发生了怎样的惊险故事呢？

2020年4月的一天，保护站的工作人员接到了一个求助电话：有一只丹顶鹤受伤严重，急需救援。工作人员赶到现场，发现情况比想象的还要糟糕——这只丹顶鹤的下喙全部断裂了，它无法自主进食，饿得奄奄一息，体重比正常的丹顶鹤轻了很多。

丹顶鹤的悲惨遭遇让大家十分揪心。工作人员一边给丹顶鹤喂食，让它的体力尽快恢复，保证它的生命安全，一边向东北电力大学的邢老师求助，请他为丹顶鹤打造一副铝合金材质的义喙。邢老师接到这个委托后，立刻开始设计和制作，很快，义喙制作完成了。但是，在给丹顶鹤试戴时，

全球的丹顶鹤数量仅有2000多只

邢老师发现义喙没有预留出足够的连接空间，安装失败。回到学校后，邢老师立刻调整了设计方案，经过反复琢磨和修改，很快，第二版义喙的制作便大功告成。

有了合适的义喙，接下来就是要给丹顶鹤做手术安装了。工作人员担心丹顶鹤进入手术室会紧张，便细心地为它戴上了眼罩。医生小心翼翼地对丹顶鹤进行了麻醉，手术开始了。在切除断喙的过程中，医生发现喙上还连接着一根血管，如果不妥善处理，可能会造成出血，危及丹顶鹤的生命。医生临时调整了手术计划，先对这根血管进行结扎，再对残余的断喙进行清理，排除了隐患。医生将经过消毒处理的义喙钻上小孔，再用螺丝将它与原喙紧密

给受伤的丹顶鹤喂食

对丹顶鹤受伤的喙进行初步救治

工作人员为丹顶鹤安装义喙

义喙安装后调试

地连接起来。经过近两个小时的手术,丹顶鹤终于完成换喙,装上了"铁齿铜牙"。

工作人员提心吊胆地等待着麻药药力消失,他们一定要亲眼看到丹顶鹤能自主进食,心才能放下。丹顶鹤呢?它没有辜负人们的期待,麻药药力消失的当天,它就吃了一顿大餐——一斤左右的鲫鱼,恢复了正常的食量。换喙手术在各方的努力下取得了成功。工作人员说,这只丹顶鹤还要在保护站住半年,半年后如无异常,它将被安装全球定位系统(GPS),之后重返大自然。

请答题

丹顶鹤是什么食性的动物?

A. 肉食　B. 植食　C. 杂食

嘉宾观点

小泽:我选 C。鸟类是由恐龙演化而来的。鸟类之所以能活下来,就是因为不跟恐龙抢食物,所以我觉得它应该是杂食性动物。

小宇:我选 A。饲养员说丹顶鹤安装义喙后吃了一斤鱼,所以我认为它是肉食性动物。

张博士的科学小课堂

刚才小泽的解释还不够严谨。鸟类并不是因为进化出杂食性,跟恐龙的食性有了区别,才存活下来的。在全世界约 11000 种鸟类当中,既有杂食性的鸟,也有植食性和肉食性的鸟。而鹤类,如丹顶鹤,它是典型的杂食性鸟类——冬天以植物性食物为主,夏天食物丰盛,它主要摄入肉类。如果丹顶鹤连假喙都没有,等待它的只有死亡。

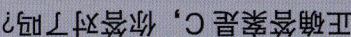
正确答案是 C,你答对了吗?

扬子鳄的恋爱季

动物观察员王聿凡在浙江省森林资源监测中心工作,今天他要带我们去长兴扬子鳄繁育保护中心,看一看那里的扬子鳄。这时正值初夏,气温高达30℃,扬子鳄最喜欢在这样的气候里"谈恋爱"、繁殖!扬子鳄是中国特有的鳄鱼,从远古时代到现在,它们的身体结构几乎没有发生特别大的变化,被称作"活化石"。野放栖息地生活着7000多只扬子鳄,在繁育的季节里,恋爱中的扬子鳄会发出鸣叫,吸引异性靠拢过来。

请答题

扬子鳄求偶过程中,是谁在发出鸣叫?

A. 雌性　　B. 雄性　　C. 雄性和雌性

保护中心内的一对扬子鳄

嘉宾观点

小丽:我选B。我觉得是雄性鸣叫。动物在求偶时,一般都是雄性鸣叫,或是展示绚丽姿态,吸引异性。

张博士的科学小课堂

雄性扬子鳄确实会主动叫,而且不仅是喉部发出声音,还会引起水面的振动,这种振动会传递给雌性扬子鳄。雌性察觉到雄性的存在,会做出回应,这个回应也是鸣叫。

正确答案是C,你答对了吗?

濒危的安吉小鲵

稀有的安吉小鲵

有一种动物,全世界只有浙江省的部分山头有,这种动物就是安吉小鲵。成年安吉小鲵身长约15厘米。在浙江安吉小鲵国家级自然保护区,人们打造出和它们原生存环境相仿的"生境池":模拟阳光的灯具、挖自其生长环境里的泥炭藓、24小时循环流动的水和专属食物等。现在,人们对安吉小鲵的认知还比较少,只知道每年12月到翌年3月,它们会在高山湿地的水坑中产卵,卵粒在卵袋内,每个卵袋内有卵粒43~90粒。它们对生长环境的要求比较高,野外自然繁育的安吉小鲵存活率很低,能长成成体的不足5%,因此是极度濒危的物种。

请答题

安吉小鲵的前趾和后趾哪个多?

A. 前趾   B. 后趾   C. 一样多

嘉宾观点

小浩: 我选C。一般动物的前后趾应该一样多。我认为安吉小鲵也是这样。

张博士的科学小课堂

安吉小鲵的前趾有4个,后趾有5个。4个前趾对它有影响吗?答案是没有。这种进化选择又叫"中性选择"。在安吉县发现的安吉小鲵只存在于几个山头上,发现时就已经属于极度濒危物种了,后被列为国家一级保护动物。

正确答案是B,你答对了吗?

至高无上的环尾狐猴女王

北京野生动物园一年一度的动物数量大普查开始了,这是完善动物档案,方便工作人员管理的一项重要工作。

动物观察员小路有幸参与了这次大普查。只见他兴致勃勃地拿出记事本,顺利清点了梅花鹿、鹩䴖(lái'ǎo)、黑猩猩等动物的数量。对细尾獴(又称猫鼬)的数量统计是具有挑战性的,它们到处乱跑,但这也难不倒经常和动物打交道的小路:在高蛋白食物的诱惑下,细尾獴一个个吃相贪婪。"咔嚓!"小路用手机将它们尽数拍下,"29、30、31……"这不,细尾獴的统计工作也大功告成啦!

接下来,小路和管理员一起,坐车来到了猛兽区。棕熊喜欢独居,搞清楚它们的数量并不算难——总计22只。正前方大摇大摆地走来一只东北虎,因为夏季气候炎热,它们会躲在树下乘凉休息。东北虎的数量是11只……搞清了猛兽的数量,小路成就感满满。他美滋滋地想,给动物做花名册一点儿也不难呀,可接下来在清点环尾狐猴的数量时,这帮小家伙给了小路当头一棒。

环尾狐猴因尾巴有黑白相间的环状花纹、面部瘦长似狐狸而

一群环尾狐猴正悠然自得地坐在围栏上休息

得名。有一部很有趣的动画片,叫《马达加斯加》,里面就有环尾狐猴的身影。这种长着美丽大眼睛的野生灵长类动物是马达加斯加岛的独有物种,因此,它们也被人们誉为"马岛最后的精灵"。

动物园里的环尾狐猴实在太多了。它们相貌相似、身材娇小、行动敏捷。上蹿下跳间,小路已经数乱了好几次,他只好向饲养员求助:"环尾狐猴长得都一样,这可怎么数啊?"

见小路为难,饲养员笑着拿出了撒手锏——香蕉、苹果和葡萄果盘。"美味水果统统端上来啦,可爱的环尾狐猴,快来加餐吧!"小路对饲养员给他支的招颇有信心。

一看见有吃的,环尾狐猴纷纷围拢过来。就这样,它们安静地吃着,小路在一旁认真地数着,数量统计就这样顺利完成了。这个家族有17只雌猴、14只雄猴。统计它们的数量是为了在有限的空间中将种群数量控制在合理的范围内。据饲养员介绍,环尾狐猴群是母系氏族,在它们的社会里,雌性的地位非常高,其中的"女王"更是族群绝对的统治者。分辨雌猴与雄猴,只要观察它们的"干饭"顺序就知道了:因为雌猴的地位高于雄猴,开饭时,雌猴和宝宝先吃,雄猴则蹲在一边眼巴巴地看着。等雌猴和宝宝吃好了,雄猴才能上前吃饭。可怜这些雄猴,家庭地位还不如宝宝啊!

在我们人类看来,环尾狐猴长得都差不多,那么在环尾狐猴女王的眼里,什么样的雄猴才最符合它的选夫标准呢?

请答题

环尾狐猴女王会选择什么样的雄性一起繁育后代?

A. 跟女王一样尾毛丰满的　　B. 战斗力最强的

C. 体味最臭的

嘉宾观点

小张：我选B。我觉得雄猴是靠尾巴上的气味吸引其他雄猴与自己打架的。如果一只雄猴打败了其他的雄猴，它就有机会接近女王，获得和女王繁殖后代的权利。

小泽：我选C。环尾狐猴群是母系氏族，雌猴拥有选择权。雄猴尾巴上的气味不是用来吸引其他雄猴打架的，而是直接吸引雌猴展现魅力的。

小宇：我选B。我觉得女王应该会选战斗力最强的，在女王旁边保护它。

张博士的科学小课堂

如果雄猴拥有蓬松的尾巴，就表明它的体形大，有很强的身体优势。环尾狐猴被称为"著名的化学家"，它们通过气味向同伴宣告自己的强弱，但要是这种气味势均力敌，不分伯仲时，解决问题的方法就变成武力比试了。

正确答案是B，你答对了吗?

主持人：我们常把话多的人称为"话痨"，有些动物有时也会因为频繁鸣叫而被人善意地称为"话痨"。今天我们的主角就是一只"话痨"大熊猫。这是怎么回事呢？

"话痨"大熊猫

大熊猫"金虎"是 2010 年 7 月 8 日在中国大熊猫保护研究中心出生的。2012 年，它和妹妹"妙音""飞云"来到大连森林动物园大熊猫展馆安家落户。大连森林动物园是当时东北唯一有大熊猫展馆的动物园。听说一下子要来三只大熊猫，饲养员们可高兴坏了。他们不但布置了花车去机场迎接，还给三只大熊猫准备了最好的住宿地和丰富的食物。

虽然三只大熊猫都非常可爱，但是金虎很快就成为饲养员姐姐最喜欢的"小熊熊"，因为它是个"话痨"，饲养员姐姐说什么，它都能接上话，绝对不会冷场。这不，一大早，它就跟饲养员姐姐聊上了。

大熊猫飞云正在安静地吃竹笋

饲养员姐姐问:"金虎,你昨天晚上睡得好不好?"

"嗯!"

"金虎,我给你的竹笋嫩不嫩?"

"嗯嗯!"

不管饲养员姐姐提什么问题,金虎都能给予正面回应。你说这样的大熊猫,能不招人喜欢吗?

你可不要以为,所有大熊猫都像金虎那样爱与人互动,其实,多数大熊猫都不爱搭话呢!金虎的妹妹飞云和妙音就属于能不吭声就不吭声,它们每天吃、睡、玩,连哼都不哼一下,一点也不像金虎。

金虎不仅爱跟饲养员姐姐搭话,还能"看"懂饲养员姐姐的情绪。饲养员姐姐是在表扬它还是在批评它,金虎都知道。

"金虎,你咋又来了?小卖部都让你吃'黄'了,总是赊账又不结账的!"饲养员姐姐一批评,金虎会立刻生气地走开,要是饲养员姐姐不拿出好吃的竹笋向它道歉,它才不要搭理她呢!

其实,大部分动物都有自己的语言,如灵长类、鸟类通过叫声传递信息。大熊猫也有自己独特的语言,幼年大熊猫发出的声

大熊猫金虎在独自玩耍

音频率比较高，成年大熊猫基本上比较沉默。像金虎这样会和人交流的成年大熊猫，可是非常聪明的呢。

这么聪明的金虎，饲养员姐姐能不喜欢它吗？

请答题　金虎和饲养员姐姐"说话"时发出的"嗯嗯"声，表达的是什么意思？

　　A. 向饲养员示威　B. 向饲养员要拥抱

　　C. 向饲养员讨要食物

嘉宾观点　**小泽：**我选B。饲养员和金虎相处久了，很亲密，要一个拥抱不过分吧？

小丽：我选C。大熊猫吃植物，植物的热量不如肉类，所以它要忙着吃很多东西，肯定是在跟饲养员讨要食物。

原来如此　**饲养员姐姐：**其实大熊猫可以发出十几种声音。金虎发"嗯嗯"的声音是在跟我们撒娇，告诉人类"我饿了"；如果遇到危险、比较害怕，又要恐吓敌人时，它会发出类似犬吠的声音；在发情时，为了赢得异性的芳心，它会发出类似羊叫的声音。

张博士的科学小课堂

研究野生动物如何发声是我们研究它们的行为、了解其生物学意义的一个重要课题。同样，圈养动物也可以听到、感受到饲养员的语言。大熊猫一直是我国友好外交的使者，如果它们长期生活在国外，耳濡目染各类外语，回到中国后可能就真的听不懂中国话了。

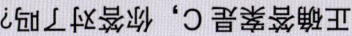

正确答案是 C，你答对了吗？

主持人： 生活中，人类会做一些有仪式感的事情，如办一次生日派对、办一场毕业典礼或办一场婚礼。其实，动物也有自己的仪式感，如雄园丁鸟会设计、建造鸟巢，如果雌鸟喜欢这个鸟巢，就会同意与它步入婚姻殿堂。今天我们的镜头对准的不是鸟，而是一只不起眼的小瓢虫。

飞得有仪式感的瓢虫

我是一只瓢虫，和你们人类一样生活在这美丽的星球上。昆虫王国虽然就在你们身边，但很容易被你们忽视。我会落在一株植物上，听你们聊天。听到你们说起一个词——"仪式感"，我不禁笑了。如果你认为，只有你们人类才懂仪式感，那我就正式邀请你来探究一下我们瓢虫的仪式感吧！

每当我想起飞时，我会寻找一株植物，爬呀爬，爬到它的最顶端，然后展开鞘（qiào）翅，不慌不忙地起飞。看，我从高处起飞的姿势多帅！爬到最高处再起飞，这就是我们瓢虫的仪式感。

科学家对我们"择高点起飞"的习性充满了好奇，他们用木条搭建了几组实验道具，对我展开测试。好吧，让他们见识一下我的厉害！

实验1：人类找来一长一短两根木条，长木条垂直于地面摆放，短木条约呈45°角斜搭在长木条上，交点在长木条的中上部。

实验2：实验2和实验1的区别在于两根木条不相交，只

瞧,留出空隙也难不倒我

对于起起落落的跷跷板,我只能无奈起飞了

留出一点儿空隙,空隙距离和我们的体长差不多。

实验3:人类增大了两根木条之间的间距,空隙距离让我们无法够到长木条。

实验4:他们竟然用木条搭建了跷跷板,让我在上面寻找最高点!

接下来你们看好,我要开始"作答"了。

实验1:对于相交的木条,我们会顺理成章地跨越交点,爬到长木条的最高点,起飞喽——

实验2:对于留出一点儿空隙的两根木条,我们可以展示一下拳脚,努力够到更长的那根木条,继续飞吧!

实验3:对于间距过大的两根木条,唉,够不到高点我就不会起飞了吗?将就一下,矮处起飞也是飞嘛!

实验4也太"坑"虫了,我选择放弃

实验4：什么，这也太"坑"虫了吧？我爬到哪边，哪边就从原来的高处落到低处。在跷跷板上来回爬却怎么也找不到可以起飞的最高点，可真是累坏我了！

唉，你们人类也太调皮了，我不过是想有一个"爬到最高处再起飞"的仪式感啊！不玩了，我选择放弃，就在当下，原地起飞咯！

请判断

瓢虫会往高处爬是因为昆虫有趋光性，高处有阳光。

A. 真的　B. 假的

嘉宾观点

小丽：我认为是真的。瓢虫等昆虫喜欢颜色比较鲜亮的东西，比如人穿上黄衣服就特别吸引它们。

安安：我认为是假的。因为瓢虫的六条腿力量有限，只有爬到相对较高的地方，没有遮挡，没有障碍，起飞才会更顺利。

原来如此

夜行性昆虫有趋光性而日行性昆虫没有，瓢虫就是日行性昆虫。爬高是因为它的身体较重，爬到高处，借助高度更便于其起飞。

张博士的科学小课堂

瓢虫起飞前会先把前翅鞘甲打开，然后它的后翅再张开。它起飞的时候身体是往下栽的，这是因为瓢虫的身体太重了。对它来讲，直接平地起飞是很困难的，所以它必须爬到高处，增大势能，然后再转化成动能，助力起飞。

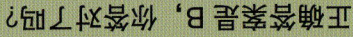

正确答案是B，你答对了吗？

白头叶猴宝宝的成王之路

广西崇左白头叶猴国家级自然保护区里山峰陡峭、植被茂密，这里的喀斯特地貌是大自然鬼斧神工之作。这里生活着一种中国独有的濒危动物——白头叶猴，你只能在几个小山头见到它们的身影。

白头叶猴长什么样？顾名思义，它们的头部耸立着一撮白毛，状如理发师精心修剪的"莫西干发型"；它们的脸形像一片树叶，也爱吃树叶，因而得名白头叶猴。它们身怀绝技，攀爬悬崖峭壁如履平地，母猴就算抱着小猴跳跃也不在话下。

白头叶猴会用排泄的方式宣示领地。它们将自己棕褐色的排泄物涂在陡峭、灰白的岩壁上，这样别的猴群就会知道，这是白头叶猴家的山头，它们已经占山为王了，非礼勿动哟。

白头叶猴是国家一级保护动物

一个"猴"丁兴旺的家族一般由一只猴王和数只成年母猴及其子女组成。猴王是雄性，一般身体健硕，它会雄踞高位，安排一天的行动路线，承担着领导和保护家族成员的重任。

要抢夺猴王宝座，准猴王不但要有健壮的身体，还要有高超的谋略，在成王之路上努力"修炼"，打败其他猴群的猴王后，才能一战成王。对于小雄猴来说，平时在枝头间与同伴嬉戏打闹，摆出个"倒挂金钟"的造型，那都是在为将来当上猴王而积蓄实力呢！跳累了、玩累了，小猴会用鸣叫的方式呼唤妈妈。不过，搭不搭理小猴就得看猴妈妈的心情了——"瞧，眼前的树叶鲜嫩多汁，带娃？还是等我吃饱、有力气了再说吧！"

白头叶猴家族新添了几只猴宝宝。刚出生的白头叶猴全身是金黄色的，一点儿不像它们的爸爸妈妈。等它们慢慢长大，就会由全身金黄色变成头顶"白帽"、一身"黑衣"的造型了。它们以黑、白、棕三色为主色调的"外衣"可以很好地和周围的环境融合，这是它们的保护色。学习像爸爸妈妈那样在悬崖间灵活跳跃的本领是它们未来独立生活的先决条件。等小雄猴长大了，就会离开家族，走上自己的"成王之路"——去寻找一块领地，占山为王，成为新家族的猴王。

请答题

以下哪个群体会挑战本群猴王的地位?

A. 猴群内的其他成年公猴　　B. 猴王的儿子

C. 其他猴群的成年公猴

嘉宾观点

安安： 我选C。我觉得猴群内的猴子都是猴王亲属，不会那么残忍地去挑战猴王，所以其他猴群的成年公猴可能性更大。

小玉： 我选A。白头叶猴群因为是各自生活在不同山头，所以猴群之外的猴子互相之间可能不会来往，其他猴群的成年公猴也不会来挑战。猴王的儿子长大后也是猴群内的公猴，应该也不会挑战自己父亲的地位。

原来如此

白头叶猴和绝大多数灵长类动物一样，以一雄多雌的家庭结构生活在一起，群体内并没有其他猴群的成年公猴。猴王的儿子们长大成年后，不会留在父母所在的群体中，更不会挑战父亲的地位，它们会到其他群体中争夺王位，建立属于自己的新猴群。只有来自其他猴群的成年公猴才会挑战本群猴王的地位哟！

张博士的科学小课堂

这道题的选项A和选项B其实是一个意思。白头叶猴家族虽有雄性猴王（很多人误以为有猴王就是父系社会），但猴王不断更迭，族群仍是母系社会结构。猴王的儿子成年后会被父母赶出族群，这样做可以避免近亲繁殖；其他猴群的成年公猴来挑战猴王，成为新猴王，从根本上说就是一种基因的交流。

正确答案是C，你答对了吗？

与人比邻而居的朱鹮

秦岭淮河一线是我国地理上的南北分界线,这里风光独特,有"秦岭四宝"——大熊猫、金丝猴、朱鹮和羚牛。我们的动物观察员张强是一位野生动物摄影师,他拍摄过很多野生动物,作品曾多次获奖,他希望人们能够通过他的作品了解大自然、热爱大自然。今天他要带我们去看看秦岭地区的可爱小动物。

在牛尾河自然保护区,张强身背摄影装备,安静地蹲在草丛中。看,他发现不远处有四五只野生朱鹮正在觅食!朱鹮爱吃泥鳅、田螺等水生动物,所以它们的栖息环境既要有水田保证可以填饱肚子,又要有高大茂密的树木可供筑巢;距离它们住处不远的地方一定还要有人家,因为它们喜欢与人比邻而居。

请答题

雄性朱鹮通过以下哪种方式求偶?

A. 叫声吸引　　B. 舞蹈炫耀　　C. 赠送巢材

一对朱鹮夫妻正在巢穴内休息

嘉宾观点

安安: 我选 B。很多雄鸟都是靠跳舞吸引雌性,所以我认为是舞蹈炫耀。

张博士的科学小课堂

实际上,朱鹮与鹤类(用舞蹈来炫耀)有所不同,雌雄朱鹮都会通过鸣叫来吸引对方,雄朱鹮的鸣叫声音会更洪亮。

正确答案是 A,你答对了吗?

国宝中的"美人"

在我国,不仅四川有大熊猫,秦岭一带也有大熊猫,甚至还发现过棕色大熊猫!动物观察员张强带我们来到大熊猫国家公园秦岭片区,和当地的巡护员一起翻山越岭,寻找野生大熊猫的踪迹。张强和巡护员在密林中发现了一只野生大熊猫。为了不打扰它,两人只在远处静静观察。这只大熊猫正在啃咬竹子,它们醒着的时候大部分时间都花在吃上了。你知道秦岭大熊猫与四川、甘肃等地的大熊猫有什么区别吗?从体形上看,秦岭大熊猫略大;从头部看,四川大熊猫的头部更像熊,秦岭大熊猫的头部线条比较圆润,更像猫。难怪陕西人把秦岭大熊猫称为国宝中的"美人"呢,秦岭大熊猫看起来更漂亮、更憨态可掬。

请判断

秦岭大熊猫与四川大熊猫的习性不同,秦岭大熊猫会冬眠。

A. 真的　B. 假的

秦岭大熊猫　　四川大熊猫

嘉宾观点

小张： 我认为是假的。大熊猫虽然属于熊科动物，但是它们并不冬眠，会冬眠的是黑熊和棕熊。大熊猫喜欢相对凉爽的气候，在冬天反而更加活跃。

张博士的科学小课堂

四川大熊猫不仅分布于四川，在甘肃南部、云南西北部等地也能见到从四川移居的大熊猫，它们和秦岭大熊猫在形态上有着细微的不同。就像老虎中的华南虎和东北虎那样，科学家认为，目前大熊猫分出了两个亚种：秦岭大熊猫和四川大熊猫。

正确答案是 B，你答对了吗？

会滑翔的鼯鼠

在观测朱鹮时，动物观察员张强有了意外的发现——鼯鼠。看，前方的树洞里有个小家伙，它探出脑袋，机警地注视着周围。我们的运气真好，很多动物摄影师辛苦跋涉，也未必能看到鼯鼠的真容。鼯鼠也叫"飞虎",是松鼠科的小动物。它的背毛呈灰褐色或棕色,腹部呈灰白色,四足背毛呈橘红色,很像松鼠。鼯鼠胆子很小,常独来独往,一般会在树洞里筑巢。大部分时间,鼯鼠都待在树上,有时会在林中树干间滑翔。鼯鼠一般白天睡觉,晚上觅食,爱吃果子和小昆虫。

请判断

鼯鼠会在滑翔过程中捕食昆虫。

A. 真的　B. 假的

从树洞里探出头的鼯鼠

嘉宾观点 小丽:我认为是假的。因为鼯鼠并不会真正意义上的飞行,而是在滑翔;飞行是可以控制的,滑翔则不行,所以它不具备在滑翔过程中捕食的能力。

张博士的科学小课堂

鼯鼠在滑翔的过程中绝对不敢吃东西,因为它要保证自己能瞄准方向,不能滑偏了。如果它在滑翔过程中三心二意,就很容易偏离方向,甚至摔落。鼯鼠属于"三有"动物,需要重点保护,饲养、捕捉、加工、运输"三有"动物的行为都是违法的。

正确答案是 B,你答对了吗?

主持人： 动物生子这件事情虽然再寻常不过，但是也要分谁生——一对朱鹮夫妇生小朱鹮，就在网络上引起了很多人的关注，让我们去了解一下吧！

朱鹮归乡

2020年4月，一段朱鹮宝宝在自然条件下破壳而出的视频引起了大众的关注，这只朱鹮宝宝是2020年中国南方地区诞生的第一只野生朱鹮。人们为何这么关注它呢？这还要从20世纪50年代说起。

浙江自古就是鱼米之乡，丰富的水产资源为朱鹮提供了充沛的食物。20世纪50年代，全球化工产业迅速发展，种植农作物时开始大量使用农药，我国也不例外。农药的使用虽然提高了农产品的产出率，但是也造成了一定程度的环境污染。朱鹮的主要觅食区在水田附近，它们也受到农药毒害，繁殖功能逐渐衰退。另外，由于朱鹮喜欢与人比邻而居，容易受到人类的捕杀。随着经济的发展，适合朱鹮筑巢的地方越来越少，朱鹮生境雪上加霜。不仅在浙江，在全国乃至全世界都难觅朱鹮踪影，它们一度被认为已灭绝，科学家甚至只找到了朱鹮的3片羽毛。

中国科学院动物研究所研究员刘荫增带领考察队历时3年、行走50000多千米，1978年，他们终于在陕西省洋县发现了当时世界上仅存的7只野生朱鹮。研究人员迅速将这7只朱鹮保护起来并进行人工繁育，这才挽救了它们即将灭绝的命运。

浙江一带自古以来都是朱鹮的故乡，在浙江重建朱鹮种群，让朱鹮顺利还乡是挽救这一濒危动物的重要方法。2008年，浙江省德清县成立了珍稀野生动物繁育研究中心，并从陕西省引入五对朱鹮。在专家的带领下，浙江动物研究与保护人员开始了朱鹮异地种群重建的漫长攻坚。

朱鹮消失时没有引起人们足够的重视，如今想要重建种群，难度极大。人工孵化的第一只小朱鹮就因孵化条件问题，在破壳后挣扎数小时夭折了。小朱鹮的夭折让保护站站长邱国强和所有研究人员心情沉重，他们更加努力地学习朱鹮的繁育知识。现在，人们掌握了最适合朱鹮孵化的温度（37℃）和湿度（约60%），而且对孵化器等专业设备的精准设置也提高了朱鹮的成活率。出生后的小朱鹮只能吃半流食，人们尝试用勺子喂、用筷子蘸取食物喂，效果都不理想。研究人员并不气馁，他们观察朱鹮妈妈是如何用喙喂食的，最后采用吸管滴喂的方式并取得了成功。三四十天后，朱鹮宝宝就可以放到室外，自己吃东西了。邱国强站长介绍说，亚成体朱鹮的饲喂需要遵循少量多次的原则，野化训练地一般选择在放归地附近，人们需要考察朱鹮的飞行能力和捕食能力，待时机成熟再将其放归。

2014年，保护站的第一批（33只）人工繁育、经过野化训练的朱鹮重回大自然；2020年4月，中国南方地区第一只野外孵化的朱鹮宝宝破壳而出，出生过程被人们全程直播，这一喜事更是引起了许多网友的关注。我们终于可以骄傲地向世界宣布，浙江朱鹮成功归乡了！

请答题

繁育中心的工作人员会用什么方法辨别朱鹮的性别？

A. 测量喙部长度　　B. 检测血液　　C. 观察面部颜色

嘉宾观点

小张：我选 C。鸳鸯和孔雀都是雌雄长相不一样，朱鹮可能也是这样，雌性和雄性面部颜色不一样。

小泽：我选 A。雄性可能更好斗也更擅长掠食，所以喙部会长一些。

安安：我选 B。科研人员可能会有办法检测朱鹮的血液。

张博士的科学小课堂

血液检测是判断朱鹮性别最精确的方法。人们通过检测，为每只小朱鹮建立详细的档案。孔雀、鸳鸯性别特征明显，在性别分辨上属于性二型，雄性和雌性通过外观一眼就能分辨，但是朱鹮没有性二型的特征，雌雄用眼睛看不出来。朱鹮面部颜色有黄色、红色之分，没有成年的朱鹮面部是黄色的，成年后色素增加，会转变成红色。检测血液，其实是提取朱鹮的DNA来检测它们的基因，通过一些特殊的标记就能知道它们的性别，这样可以避免近亲繁殖。种群扩大以后，我们会将它们放归到浙江德清、河南董寨等朱鹮历史性的分布区，这也是保护工作最重要的意义。

正确答案是B，你答对了吗？

主持人：丁零丁零——上课铃响啦！今天的《动物生存大讲堂》，我们请到的是动物界的"高级工程师"——黄猄（jīng）蚁，它将为我们带来它的建筑艺术作品。

动物界的"高级工程师"

蚂蚁本就被人们称为动物界的"工程师"，而黄猄蚁的建造技术在蚂蚁大家族中尤为突出。我们知道，大部分蚂蚁都在地面或地下码堆筑巢，可黄猄蚁不一样，它们是一种树栖蚂蚁，会将"超级巢穴"搭建在树上。这些小家伙用的建筑材料正是就地取材的纯天然绿色环保材料——树叶。

黄猄蚁喜欢在树的向阳处筑巢，不同于一般蚂蚁喜欢用土筑巢，黄猄蚁的巢穴外观就像用树叶包成的粽子，而巢穴竟然有足球那么大！那么，它们是如何在几米高的树上包出这么大的"粽子"的？答案就是：齐心协力、分

连成"蚁桥"的黄猄蚁

固定树叶

将树叶包裹成"粽子"

工明确。

　　第一步，聚拢树叶。众多工蚁要把拟建巢穴附近的树叶聚拢到一起。对于人类来说，相邻两片树叶间的距离非常近，聚拢树叶用手一捋，轻而易举，可这样的距离对黄猄蚁来说如同天堑，要花费一番大力气才行。工蚁会一只咬住一只的腰部，环环相扣、密密麻麻，搭成里三层、外三层的"蚁桥"，跨越"天堑"，使两片树叶相连，然后通过慢慢缩短"蚁桥"，将树叶聚拢到一起。

　　第二步，固定聚拢到一起的树叶。如同人类用订书机固定纸张一样，工蚁一个挨一个地排成排，用后脚钩住叶面，同时咬住另一片叶片的边缘，像用订书机死死地把叶片"钉"在一起。

　　第三步，用丝线粘连。这一步也是最关键的一步，为了让工蚁不做一辈子的"订书针"，它们请出了神秘嘉宾——黄猄蚁宝宝。工蚁用上颚叼住白白胖胖的黄猄蚁宝宝，轻轻挤压它们的身体，黄猄蚁宝宝就会吐出丝线。之后工蚁在两片相邻叶子间来回摆动头部，叶片就会被黄猄蚁宝宝吐出的丝线粘在一起、团成大球了。

　　你可能没有想到，黄猄蚁建造房子不仅全家出动，而且宝宝们还是核心成员。黄猄蚁的"高级工程师"头衔真是实至名归呀！

认识并利用黄猄蚁治害

　　黄猄蚁生性凶猛，遇到敌害时，工蚁会聚集叮咬来犯之敌。大型甲虫常被其驱赶，不敢在其巢穴附近活动。黄猄蚁除捕食大绿蝽外，还捕食柑橘潜叶甲、天牛、吉丁虫、金龟子、象鼻虫、凤蝶幼虫等。正因为它们的这一特性，在农业生产上它们常被人们用于生物防治。我国古代劳动人民在几千年的生产实践中，积累了丰富的病虫害综合防治经验，在晋代就提出了利用黄猄蚁防治柑橘害虫的方法，这也是世界上以虫治虫的最早案例。

请判断

一个黄猄蚁族群在同一时间内只有一个巢穴。

A. 真的 B. 假的

嘉宾观点

小浩：我认为是假的。蚂蚁很多，可以分成几批，建不同的巢穴，巢穴越多，繁殖力越强。

小泽：我认为是真的。蚂蚁族群都生活在同一个巢穴里，对于它们来说，建一个巢穴已经很吃力了，没有余力也没有必要再建其他巢穴。

小张：我认为是真的。俗话说，团结力量大。我认为黄猄蚁只有都住在一个巢穴里，才能最大程度地抵御天敌。所以它们在同一时间内应该只会建造一个巢穴。

张博士的科学小课堂

像黄猄蚁这样生活在南方的蚂蚁建巢都有一个特点：尽可能往高处走，防止水淹到地面，导致全军覆没。然而树上空间有限，因此它们筑巢时，可以在旁边多建几个，这是没有问题的。

正确答案是B，你答对了吗？

美丽又危险的火焰海胆

动物观察员张帆是杰出的水下动物摄影师,通过他的镜头,我们能领略海面下的瑰丽世界。今天他要带我们去三亚的蜈支洲岛海域,这里的珊瑚礁保育工作做得非常好。

海兔螺

潜入海中,张帆在珊瑚丛中拍摄到一只海兔螺。它吸附在珊瑚上,捕食附近的浮游生物,海兔螺的外套膜模拟出旁边珊瑚的颜色,达到了拟态效果。

看,一只清洁虾依附在海葵身旁,给经过此处的鱼类做"全身清洁";海鞭虾生活在叫海鞭的珊瑚的触手中,不仔细观察,你很难发现它;火焰海胆与科尔曼虾共生,科尔曼虾会在火焰海胆的棘刺中开辟自己的领地,火焰海胆则可以保护科尔曼虾。

在水下拍摄多年,张帆也有被海洋动物攻击过的经历,现在想来,他依旧觉得害怕。攻击张帆的海洋动物正是火焰海胆,它们的身体直径为10~15厘米,颜色鲜艳得如同海底燃烧的火焰。

火焰海胆有剧毒,它的每根棘刺末端的囊中都含有毒素,刺入皮肤后,毒囊会破裂,毒液将直接注入伤口,这会造成伤者极大的痛苦,严重的甚至会导致瘫痪或死亡。火焰海胆还有个秘密武

清洁虾

火焰海胆共生的科尔曼虾　　　　　　　　　　　　　　海鞭虾

器——它有数百个微小的颚，每个颚部的末端都有类似尖牙的附肢。这些附肢能刺穿皮肤，一接触到其他生物，这些颚部就会紧闭并注射会破坏神经系统的毒素，抓过火焰海胆的潜水员可能会因无法呼吸或无法移动而溺水。

请判断

科尔曼虾在火焰海胆中生活主要是为了获取食物。

A. 真的　　B. 假的

嘉宾观点

安安： 我认为是真的。火焰海胆中可能会有科尔曼虾喜欢吃的食物，科尔曼虾为了生存，再危险也要住在火焰海胆中。

张博士的科学小课堂

如果弱小的动物和很强大的动物共生在一起，弱小的动物便是想获得保护，不一定是要获取食物。火焰海胆给不了科尔曼虾食物，科尔曼虾躲在火焰海胆中是为了躲避天敌，得到有毒动物的保护。

正确答案是 B，你答对了吗？

主持人： 春暖花开，万物复苏，许多睡了一个冬天的小动物也醒了。野外的景色特别美好，人们相约去踏青，人在花中游，昆虫也在花间忙碌，一不小心你就会打扰到它们，酿成"惨剧"。人们应该怎样和花丛中的蜜蜂打交道呢？今天就带你们去了解一下。

蜜蜂的色彩偏好

春暖花开时节，蜜蜂是人们常见的昆虫，它们在花间授粉采蜜，给人在忙碌工作的印象。如果一个人十分勤劳，我们常会夸他是"勤劳的小蜜蜂"，这便是人们对蜜蜂的认可和褒奖。

动物观察员小路有过被蜜蜂叮咬的惨痛教训。他很好奇，五颜六色的花都能吸引蜜蜂吗？蜜蜂有自己特别钟爱的颜色吗？如果我们知道了蜜蜂最喜欢的颜色，出门踏青时避免穿这个颜色的衣服，是不是就不会被它们打扰了？小路带着一连串的疑问，来到了西双版纳勐（měng）海县月光寨，和哈尼族的养蜂人一起展开了一场关于蜜蜂色彩偏好的实验。

小路找来黄、蓝、红三种颜色的T恤，又搬来这次实验的"合

正在辛勤工作的蜜蜂

穿着不同颜色T恤的稻草人

作伙伴"——三个稻草人。他先给稻草人分别穿上黄、蓝、红三种颜色的T恤,自己再套上养蜂人提供的防护服,最后打开蜂箱,请出了蜜蜂。在相同时间内,哪件衣服上停留的蜜蜂多,就说明这种颜色更受蜜蜂的青睐。

五分钟后,小路观察到,黄色衣服上停留了约25只蜜蜂,蓝色衣服上停留了约15只蜜蜂,红色衣服上竟然一只也没有!会不会是因为时间不够,蜜蜂还不足以表现出色彩偏好?小路决定再延长五分钟,看看实验效果。十分钟后,黄色衣服上依然聚集了大量蜜蜂,蓝色衣服上蜜蜂相对较少,红色衣服上只有零星的几只。

实验结束,小路得出结论:其一,如果在春季出门郊游,一定不要穿黄色衣服,它会"招蜂引蝶";其二,蓝色也是蜜蜂比较喜爱的颜色,但略逊于黄色;其三,代表自然界中花朵主流色调的红色反而不受蜜蜂的待见。这样的结果让你感到意外了吗?

请答题

红色不容易吸引蜜蜂的原因是什么?

A. 蜜蜂看不见红色　　B. 蜜蜂害怕红色

C. 红色不利于蜜蜂隐蔽

嘉宾观点

小丽：我选C。我们在红色花上是能看到蜜蜂的，所以它不太可能看不见红色和害怕红色。

小泽：我选A。蜜蜂的眼睛只能看见蓝色、绿色和白色，红色不在它眼睛能看见的颜色范围内。

原来如此

如果我们是蜜蜂，以它的视角看世界，世界上所有红色物体看起来都是灰色的。因此，红色对蜜蜂来说没有吸引力。

张博士的科学小课堂

蜜蜂看不见赤、橙等波长的光，但是黄、绿、蓝、靛、紫等波长的光它能看到，甚至还能看到紫外线。所以我们常见蜜蜂去颜色淡的花上采蜜，就是跟它们见到的光的波长有关系。我们看到的白色的花在蜜蜂眼中是紫色的，因为有紫外线折射。传粉昆虫可以分成两类：一类是靠眼睛看颜色，另一类是靠嗅觉（花香）。大红色花依靠的是能看到红光的蝴蝶等其他传粉昆虫来传粉。大家看，自然界是不是很神奇呢？它把很多事物都安排好了，植物和动物会相互对应，在协同中进化。

正确答案是A，你答对了吗？

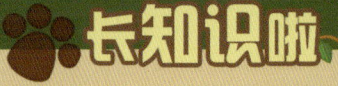

昆虫的趋性

昆虫会朝着吸引它的环境飞，这叫昆虫的趋性。如果环境因素是昆虫喜欢的，能够吸引它们大量聚集，那就是正趋性；反之，让昆虫讨厌的环境就会导致负趋性。不少昆虫对特定的颜色具有趋性，如蚜虫、小绿叶蝉等多种害虫都对黄色敏感，具有非常强烈的趋黄性。由于昆虫的趋性特性明显，农业上经常利用它们对颜色的趋性来进行病虫害防治。

主持人：如果遇到"熊孩子"，爸爸妈妈的第一感受就是很无奈。什么？你说想办法躲远一点？可是再怎么躲，爸爸妈妈都躲不开自家的"熊孩子"，只能耐着性子教育啊！今天我们的主角是一只黑猩猩爸爸，它要对付的就是家里的"熊孩子"，作为父母，它只能感叹："带娃也太难了！"

"鲁恩"爸爸和它的"熊孩子"

大家好，我是北京野生动物园黑猩猩家族的首领鲁恩。我们黑猩猩家族有着森严的社会等级制度，作为首领，我每天都要宣示主权，在掌管族群的同时，还要履行作为丈夫和父亲的责任。

我有八个孩子。作为父亲，拥有这么多子女当然值得自豪，可是孩子多了也是真的闹心啊！我从一个每天早上醒来就威风凛凛地展示肌肉、宣示主权的首领，转变为没有一点脾气的"奶爸"，靠的就是带娃。带娃就带娃吧，毕竟这也是父亲必须履行

黑猩猩首领鲁恩

的责任啊!

孩子多并不可怕,可怕的是家里有一对爱打闹的"熊孩子"——三岁的"露茜娅"和七岁的"斯科博"。它俩既霸道又爱搞破坏,最爱做的事情就是抢东西。它们趁我不在的时候抢,当着我的面也抢,手不够用了就拿脚踹。

"熊孩子"斯科博

瞧,饲养员赠送给它们的毛绒玩具没玩几天就被大卸八块了,它们连玩具里的毛绒都不放过,扯出来到处抛撒,丝毫不知道爱惜东西。作为老父亲,我真是气得牙痒痒!

什么,你问我为什么不好好管教"熊孩子"?其实,这和我们黑猩猩家族的社会等级制度有关。我不能随便教训它们,因为这两个"熊孩子"的母亲是母黑猩猩中地位最高的,连我这位首领也要给它们几分情面。当然啦,"熊孩子"一旦"熊"过了头,我还是会出面教育它们的。毕竟"养不教,父之过"嘛,我可不想让它们长大后变成恶霸黑猩猩呀。

请答题

决定幼年黑猩猩未来能成为首领的主导因素是什么?

A. 父亲的地位　　B. 母亲的地位　　C. 自己的战斗力

嘉宾观点

小泽： 我选B。有句古话说，一个好母亲，三代好儿孙。如果母亲在黑猩猩幼年时对它进行很好的哺育，那么小黑猩猩各方面的能力都会快速提升，也就拥有未来争夺首领地位的力量。

小宇： 我选C。小黑猩猩只能在幼年时以父母为靠山，等它长大以后，灵长类动物没有禅让制，哪个身强体壮可以打败老首领，哪个就是新的首领。

小丽： 我选C。我认为黑猩猩个体的战斗力才是最重要的，因为不管我的爸爸妈妈是谁，我强大我就说了算。我和竞争的同伴"打架"，同伴也不认识我的爸爸妈妈，打赢了我就是第一。

原来如此

要问三岁的露茜娅和七岁的斯科博为何如此"豪横"，那还得提一提它们的母亲。在黑猩猩家族里，小黑猩猩能当上首领的主导因素，取决于它们的母亲。母亲的地位越高，小黑猩猩的地位也越高，成为首领的概率也就大大增加。

张博士的科学小课堂

黑猩猩更接近于人类，属于比较典型的父系社会。就像人类女孩长大后出嫁了，女性和男性组建新的小家庭，形成基因交流一样，黑猩猩中的雌性长大后，也会离开本族群；而雄性长大后，会"继承皇位"，老首领便当上了"太上皇"。至于这个皇位到底归谁，母亲身份的尊贵与否起到了关键作用。"皇后"的身份地位高，占有的资源也就多于其他雌性，它的孩子继承"皇位"，成为新首领的可能性就更大。

正确答案是B，你答对了吗？

《天鹅湖Ⅱ》的演员海选

《天鹅湖》是一首家喻户晓的世界名曲，同名芭蕾舞剧也因动人的故事、美妙的音乐和演员曼妙的舞姿而令人沉醉，是世界舞蹈艺术史上的巅峰之作。

今天，芭蕾舞剧《天鹅湖Ⅱ》开始演员海选工作啦，这次选角是要让真正的天鹅参与进来！得知这个消息后，全世界不同品种的天鹅都来报名了，它们争奇斗艳、美不胜收，让我们来看看选手们的精彩表现吧！

大天鹅

第一个亮相的是大天鹅。它的人气相当高，雪白的羽毛、修长的脖颈、黑黄二色构成撞色效果的"樱桃小嘴"，在湖面翩跹（xiān）起舞时别提多美啦！

听到导演组对大天鹅的赞美，第二个亮相的黑嘴天鹅不高兴了："我们黑嘴天鹅是全世界体形最大的天鹅，一身洁白无瑕的羽毛搭配黝黑油亮的嘴，造型经典又时尚。我们身材壮硕，不仅能吃苦耐劳，而且身姿优美，我们才是这部戏主

黑嘴天鹅

角的热门候选者。"

第三个出场的选手是天鹅中的"霸道总裁"——黑天鹅。它最吸引人眼球的就是乌黑油亮的羽毛，红彤彤的嘴搭配黑色羽毛，显得简约大气。它有些高冷，脾气还有点火爆。在《天鹅湖》里它担任了重要角色，和白天鹅相比，它不用争不用抢，就是妥妥的座上宾。

疣鼻天鹅

第四个选手是长着"美人痣"的疣（yóu）鼻天鹅，鼻头部位凸出的瘤（liú）疣是它们独有的标志，有"美人痣"的疣鼻天鹅表示，它们一定能代表天鹅颜值的最高水平。

第五个选手是黑颈天鹅，它是天鹅中体形最娇小的，嘴基部红色的肉瘤、黑色的脖颈与洁白的身体搭配，绝对是天鹅中最有辨识度的那一个。

扁嘴天鹅听说演员海选的事儿，也来凑热闹了。它虽然叫扁嘴天鹅，但不属于天鹅属，它的亲缘关系与大雁更接近。它身披白色羽毛，红唇和

黑颈天鹅

"红靴子"相互呼应，既像鸭子，又有些天鹅的优雅气质。哟，

咱这是《天鹅湖Ⅱ》的演员海选，那扁嘴天鹅最好别参加了，就看看热闹吧。

听说还有一个选手有事耽误了，没能来到海选现场。那么，大家觉得谁才是真正的主角呢？

请答题

全世界共有六种天鹅，上文中没有介绍到的是哪种天鹅？

A. 赤嘴天鹅　　B. 白天鹅　　C. 小天鹅

嘉宾观点

小泽：我选C。我看第一个介绍的就是大天鹅。既然有大天鹅，我猜与之相对的一定有小天鹅。

小丽：我选B。大部分天鹅都是白色的，而且我感觉白天鹅很亲切，所以我觉得应该是B。

原来如此

没来参加海选的天鹅叫小天鹅。它长得和大天鹅十分相似。黑色的脚蹼、洁白的身体、黑黄二色撞色的嘴……但大天鹅和小天鹅的确有外观上的差异。

张博士的科学小课堂

世界上有六种天鹅：大天鹅、黑嘴天鹅、黑天鹅、疣鼻天鹅、黑颈天鹅和小天鹅。人们喜欢称所有白色的天鹅为白天鹅，但世界上没有一种天鹅叫白天鹅。大天鹅和小天鹅的区别在于嘴部的黄色面积，黄色面积大于黑色的是大天鹅，反之则是小天鹅。《天鹅湖》舞剧中的天鹅可能是疣鼻天鹅，因为《天鹅湖》的故事源于欧洲，欧洲的很多国家疣鼻天鹅比较多。

正确答案是C，你答对了吗？

幸福的红嘴蓝鹊一家

今天的动物观察员阙品甲是动物学博士,也是成都大熊猫繁育研究基地的助理研究员,他主要从事鸟类多样性研究工作。今天他要带我们去看看基地里的野生鸟类。

在基地里经常能看见一种红嘴蓝鹊,有人认为它就是古人所说的神鸟——青鸟。传说青鸟是西王母的使者,每当西王母驾临,总有青鸟先来报信,因此后人将它视为传递幸福佳音的鸟。唐代诗人李商隐在《无题》诗中写道:"蓬山此去无多路,青鸟殷勤为探看。"可见青鸟在古人心中的地位。

阙品甲回忆,前段时间,有几只

正在哺喂幼鸟的红嘴蓝鹊

红嘴蓝鹊在林间的大树上筑了巢,但不知道它们有没有孵出小鸟,于是我们决定去看看。

阙品甲边走边介绍:"在育雏阶段,鸟类表现得十分谨慎,它们一旦发现危险信号,就不返回鸟巢了,以免小鸟被天敌发现。为了不打扰它们,我们最好与它们保持距离。"

红嘴蓝鹊属于大型鸦类,体长54~65厘米。它们羽色艳丽,雌雄羽色相近。它们的体背是蓝紫色,尾羽很长,尤其中央两支尾羽十分突出,尾端呈白色。蓝紫色的身体配上红嘴、红脚、白肚皮,让它们看上去仪态庄重。红嘴蓝鹊喜欢群栖,主要以昆虫、植物果实为食,偶尔也吃玉米、小麦等农作物,食物匮乏时它们会侵入其他鸟类的巢穴,攻击幼雏或窃取鸟蛋。

这一窝红嘴蓝鹊有六只鸟宝宝,鸟妈妈和鸟爸爸正在给幼鸟喂食呢！幼鸟张着小嘴，吃得可开心了。咦，怎么又来了一只红嘴蓝鹊，和鸟妈妈、鸟爸爸一起喂食幼鸟呢？

请答题

三只育雏的红嘴蓝鹊中，除了雏鸟的父母，另外一只和雏鸟是什么关系？

A. 爷爷奶奶　B. 哥哥姐姐　C. 隔壁邻居

嘉宾观点

小浩：我选B。在鸟类世界中，雏鸟长大后就会被爸爸妈妈赶出家门，俗称"清窝"，所以是爷爷奶奶的可能性不大。

张博士的科学小课堂

小浩的解释很正确。我们常说的"乌鸦反哺"，是用来教育后代连鸟类都知道孝顺父母，人更应如此。但实际情况是雏鸟的哥哥姐姐在帮助父母喂养弟弟妹妹，这也是一种亲缘。

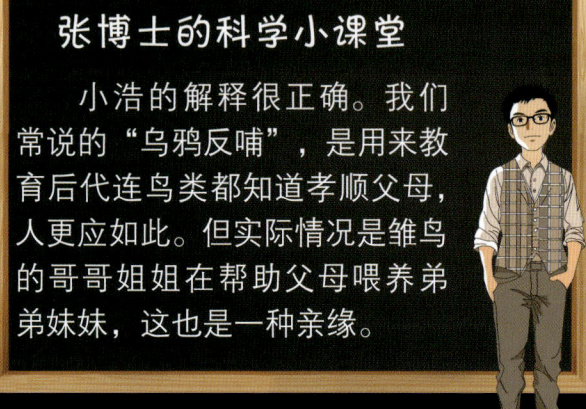

正确答案是B，你答对了吗？

洞穴里的"一帘幽梦"

俗话说，万物生长靠太阳。不过，在幽暗、神秘的洞穴深处，许多生物也有着旺盛的生命力。盲蛛、灶马等小动物就世代隐居在这里，过着自由自在的生活。它们虽然得不到阳光的照耀，却也能免受风雨的侵袭。

瞧，我们在洞穴里发现了一处特别的景致：玲珑剔透、光彩熠熠的"丝线"垂坠在岩石下，丝丝缕缕、绵绵不绝。即使在暗无天日的洞穴里，这位动物朋友也会制造些浪漫。这情景，用"一帘幽梦"来形容，真是恰如其分。

这种独特的景致是洞穴昆虫的杰作，这种昆虫的名字很好听，叫"幽帘虫"。和蜘蛛一样，幽帘虫也有吐丝的能力，但是不会织网。论捕食猎物，蜘蛛有蜘蛛的办法，幽帘虫也有幽帘虫的妙招。幽帘虫爬到洞穴顶部，从口中分泌出奇特的黏液附着在岩石上，黏液越来越多，垂直挂下去，就变成了丝。一口口黏液变成一根根丝，一根根丝排在一起，就形成了一排排丝帘。这些丝帘像蜘蛛网一样，可以粘住过往的小飞虫。幽帘虫会藏在角落里，美美地做梦，梦醒后，它就可以享受丝帘上的美食了。

请判断

为了节省能量，幽帘虫会定期回收丝帘。

A. 真的　B. 假的

嘉宾观点

小玉：我认为是真的。造这么多丝不是很容易的事，如果能重复利用的话，就会节省很多能量。

小张：我认为是假的。溶洞里边水汽多，丝帘其实是唾液，水分占比居多，吐丝对它来说没有太多能量的损失，不需要为了节省能量而回收丝帘。

原来如此

洞穴生物在极限环境下往往会进化出令人惊叹的本领。虽然幽帘虫有着独特的捕食技能，但它们的丝帘是不可回收的。当丝帘破败不能捕食时，它们会选择重新吐出黏液，形成新的丝帘。

正确答案是 B，你答对了吗？

飞翔吧，东方白鹳

鄱阳湖是亚洲最大的候鸟越冬栖息地，每年春季都有大量候鸟从这里展翅高飞，回归北方的家园。不过，也有一些鸟儿比较"长情"，它们爱上了这片水域，不舍离去，便成为留鸟，在这里繁衍生息。

2020年4月初，江西省电力公司的工作人员在例行巡检时，在高压铁塔上发现了国家一级保护动物——东方白鹳。当动物保护人员赶到现场时，发现窝里有四只（一大三小）东方白鹳。令人遗憾的是：鸟妈妈已经离世，鸟爸爸不知去向，只留下三只嗷嗷待哺的幼鸟。

动物保护人员赶紧将这三只幼鸟送至江西省林业科学院野生动植物救护繁育中心，该中心有成功救助五只野生东方白鹳成鸟的经验，但对东方白鹳幼鸟的救助还是第一次。从体形上看，这三只幼鸟一大两小，"大宝"的生命体征平稳，能自主进食；"二宝"和"三宝"就令人担心了——它们连站都站不稳，更别提吃东西了，喂到嘴边的食物都没有力气咽下去。果然，当天晚上，

未学会飞翔的三只东方白鹳

　　二宝就出现拉稀的症状，救护人员立即对其采取了输液治疗。经过医治，人们总算从死神手里抢回了二宝的性命。在救护人员的精心照顾下，三只幼鸟食欲渐增，工作人员悬着的心终于放下了。

　　可是对三只幼鸟来说，还有更大的挑战在等着它们呢！没有爸爸妈妈的教导，野生东方白鹳赖以生存的捕鱼、飞翔等技能，只能靠它们仨自己摸索学习了，工作人员都为它们捏了一把汗。它们能克服困难，完成挑战，飞向大自然吗？

　　看见三只幼鸟长大了许多，工作人员开始给它们布置飞行训练的场地，他们把三只幼鸟的住处挪到了一个有浅水池的院子里，把原本铺在地上的窝也架到高处，给它们创造展翅的空间。

　　三只东方白鹳没有辜负工作人员的期望，五月初，大宝和二宝开始扑棱翅膀，准备飞翔。大家都在等着它们离巢的第一次飞行，这对三只东方白鹳来说，可谓真正的"成年礼"。它们在鸟巢旁边慢慢试探，经过几天的尝试，大宝终于勇敢地扑扇翅膀，飞出几米远，落入浅浅的水池中。紧接着，二宝和三宝也飞了过去。它们终于可以离巢玩耍啦！

　　三只东方白鹳在水池中练习捕鱼的技能，这样，它们回归自然后就能自力更生了。刚开始时，它们根本抓不住鱼虾；渐渐地，它们能抓住鱼虾了，但吃进嘴还需要反复练习；经过几周的训练，它们捕鱼、吃虾的技能越来越娴熟！它们的体重也稳步上升，健康指数达到满分，这下，人们终于可以将它们放飞自然了。

在一个风和日丽的日子，工作人员将它们带到野外放飞。三只东方白鹳展开翅膀，腾空而起，飞向了辽阔的天空。

从"孤儿"到独自飞翔，再到成功捕鱼，三只鸟儿的每一次艰难跨越都建立在无数挫折之上。飞翔吧，东方白鹳，我们希望长大后的你们飞得更高更远，去拥抱属于你们的美好世界！

请答题

以下哪里是这三只东方白鹳的正确放归地？

A. 救助时的铁塔下　　B. 湿地环境即可

C. 附近有新生东方白鹳种群的地方

嘉宾观点

小宇： 我选 C。这三只东方白鹳毕竟是人工救助的，为了让它们能更好地在野外生存，应该给它们找到同伴，让它们学会在种群中生活。

张博士的科学小课堂

东方白鹳是迁徙的鸟类，很多迁徙通道是世世代代传下来的固定路线，没有其他东方白鹳来引导，人工救助条件下成长的东方白鹳，可能不能独立自主地飞回越冬地。所以想让它们成功野化，就必须将它们放归到附近有新生东方白鹳种群的地方。

正确答案是 C，你答对了吗？

主持人：一山不容二虎，很多动物会为了有限的资源而展开争斗，最终只有赢家才能享有资源。最近我们听说，北京南海子麋（mí）鹿苑的麋鹿要举办鹿王争霸赛了，带你们一起去看看，出发！

鹿王争霸赛

"您现在正在收看的，是一年一度的北京南海子麋鹿苑鹿王争霸赛的现场直播……"动物观察员小路和麋鹿管护员郭耕老师头顶柳叶头环，蹲在远处为观众讲解这次比赛的盛况。

本次比赛参赛的有近三十只雄麋鹿，它们将通过三轮争霸的方式竞选出鹿王，只有半数麋鹿能成为鹿王。鹿王将被人们分散在不同的区域组成家庭，鹿王相当于这个家庭的大家长。被淘汰的雄麋鹿又将何去何从呢？郭耕老师表示："今年它们就没有繁殖权了，只能养精蓄锐，明年再战。"

鹿王争霸赛的第一轮是角斗大赛。雄麋鹿有美丽的树杈形状的大角。在角斗大赛中，它们要通过抵角的方式决出胜负。看，两只雄麋鹿稳稳地站在泥沼里，低着头，四角相对，谁也不让谁。这可是关乎"王位"的战斗呀，它们丝毫不敢松懈。经过十几个回合的较量，其中一只雄麋鹿显得有些吃力，想要退出战斗，另

两只正在角斗的雄麋鹿

一只雄麋鹿乘胜追击，将它赶下了河。落败的雄麋鹿掉头逃跑，第一局胜负已定。

鹿王争霸赛的第二轮是"选美"大赛。想不到吧，麋鹿也讲究颜值呢，它们有着自己独特的审美观。雄麋鹿选美的标准是"角饰"，也就是说，雄麋鹿要把自己本就美丽的大角用草叶装饰得更加漂亮。它们会寻找鲜嫩的草叶，用角将这些草叶挑起，覆盖在全身，当然角上也一定要多悬挂些草叶，这样看起来更加威武雄壮，跑起来更加飘逸。据说，在全世界的鹿科动物中，只有麋鹿才有这种角饰的现象。

全身覆盖草叶的麋鹿

鹿王争霸赛的第三轮是"气场"大赛。鹿王总是要有王者气概的，所以第三轮比赛就要比"气场"。不打不斗，两只桀骜不驯的雄麋鹿面对面地站在草地中央，时而伫立对视，时而绕着对方转圈，时而并排但互不接触，只展现肌肉，用眼神"杀敌于无形之中"，颇有武术高手对决的气势。这种气场比拼往往要持续半小时以上，比角斗大赛的时间还要长。别小看这种气场比赛，对参赛者而言，这是相当消耗体力的。

比拼获胜的鹿王会形成自己的繁殖群。瞧，迎面走来一只鹿王，它带着九只母鹿，鹿王承担着家族的繁衍任务。在麋鹿社会中，鹿王的比拼基本上是讲分寸的，认输的雄麋鹿就不会再被其他雄麋鹿追击。不过，凡事也有例外，因为有些雄麋鹿的角不够坚固，在角斗过程中会脱落，就成了独角鹿。一只角的麋鹿在鹿群中十分显眼，它今年还有希望争夺鹿王宝座吗？

请判断

断角麋鹿今年不会再参加鹿王争霸赛。

A. 真的　B. 假的

嘉宾观点

小玉：我认为是假的。虽然它断了一只角，但可能还很有力量，是可以继续参加鹿王争霸赛的。

小泽：我认为是真的。独角鹿已经参加了一轮争霸赛，失败了角才断的，今年应该没有机会了。

原来如此

北京南海子麋鹿苑管护员郭耕老师：断角麋鹿今年是没有希望参加争霸赛了，但是到明年它的老角脱落，新角重新萌出，长出新的鹿茸，它就会卷土重来，重振雄风。

图中右侧的独角鹿正是比赛中的落败者

张博士的科学小课堂

每年冬至前后，麋鹿的角会自动脱落，来年春天鹿角又会重新长出来，成年的雄麋鹿一般一两个月内，角就会恢复原状。这只独角鹿今年是没有机会了，它只能等明年鹿角重新长出来再参加战斗。

正确答案是 A，你答对了吗？

冷血杀手黄喉貂

主持人： 今天我们为大家介绍的动物，在全国的动物园中只有北京动物园有，而且只有一只。可能是因为长得像黄鼠狼，大家又不知道它的学名，因此江湖上便流传着很多它的外号，比如：大脚黄鼠狼、金刚芭比……今天的《动物生存大讲堂》，我们就隆重地请出这位动物宝贝——黄喉貂，一起来看看今天的采访吧！

黄喉貂的绝招

黄喉貂长得十分可爱，但是"软萌"的外表隐藏不住它强悍的本性。行走在动物界，当然得有几手绝招，我们一起来看看黄喉貂在自然界中的生存绝招吧！

第一招：快。天下武功，唯快不破，无招胜有招。黄喉貂深谙其道，它擅长远距离跳跃，爬树的本领也很高强。它修长的大脚抓握树枝毫不费力，能帮助它在树枝间快速跳跃。你说拿长着小爪子的黄鼠狼和它比？黄鼠狼可做不到！

第二招：狠。别看黄喉貂是小型兽类，但无论是谁见到它都得让它三分。野外生活的黄喉貂敢于攻击比自己体形还要大的动物。国宝大熊猫大家都知道吧？大熊猫虽然爱吃竹笋，可人家毕竟是熊科动物，体形比黄喉貂大多了，谁敢欺负它呀？什么？黄喉貂就敢？黄喉貂甚至还导致对方受了伤，上了电视新闻呢！有一次，在四川唐家河国家级自然保护区，人们拍摄到黄喉貂捕食比自己体形大几倍的鹿科动物的珍贵视频。它不惧体形的差距，以闪电般的速度将对手锁喉，再拖上岸、奋力啃咬。这不，一战成名的黄喉貂很快收获了两个外号：冷血杀手和江湖霸主。

有了这两个绝招，黄喉貂行走江湖自然无往不利。说了这么久黄喉貂的生存法宝，现在它们忍不住要"卖个萌"了，在树枝上蹭蹭自己毛茸茸的小肚子——嗯，舒服着呢。

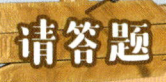

请答题 黄喉貂在树枝上蹭自己的腹部是在做什么？

A. 用气味做标记　　B. 蹭痒痒

C. 帮助消化

嘉宾观点

小浩：我选A。黄喉貂很可能是用气味做标记来确认领地。

小张：我选B。黄喉貂的腹部如果被虫子咬了，它自己又没办法挠，只能在树上蹭一蹭来缓解瘙痒。

小宇：我选C。胃在上腹部，我觉得在树上蹭一蹭可以帮助它消化。

原来如此 我们常看到黄喉貂用腹部在树枝或地上蹭来蹭去，这是它正在用气味做标记，宣示自己的领地。

张博士的科学小课堂

北京动物园的这只黄喉貂是当年在野外救护的，因为救护状态不是很理想，没有放归的可能性了，才一直养在动物园里。黄喉貂用腹部蹭来蹭去的行为，其实是在用气味做标记。

正确答案是A，你答对了吗？

主持人： 浙江象山韭山列岛上曾生活着一种神话之鸟——中华凤头燕鸥。它一度销声匿迹60多年，直到2000年，人们才在我国福建马祖列岛上重新发现了它们的身影。后来，有鸟类研究人员于2004年在韭山列岛上发现了一个较大的中华凤头燕鸥新种群。目前，中华凤头燕鸥全球野外种群数量只有100余只。今天，我们将跟随象山韭山列岛国家级自然保护区管理员丁鹏，前往韭山列岛，去瞧一瞧这神话之鸟。

神话之鸟——中华凤头燕鸥

浙江象山韭山列岛位于舟山群岛最南端，是浙江中部沿海的一个著名列岛。自从这里发现了中华凤头燕鸥，人们便在此建立了保护站，志愿者们轮流驻扎在原本无人居住的岛上，监测中华凤头燕鸥的生存状况。保护区的管理人员基本上每周去一次韭山列岛，给岛上的志愿者补给生活用品。眼下正值中华凤头燕鸥的繁殖季，志愿者们要四个月不下岛，直到中华凤头燕鸥飞离韭山列岛。

这座岛上架设了不少太阳能发电板，为监测中华凤头燕鸥提供电力。在志愿者生活区里，丁鹏正在利用视频监控观察岛上的

一只正在孵蛋的中华凤头燕鸥

情况。对于种群数量极为稀少的中华凤头燕鸥来说，繁殖是一件大事。中华凤头燕鸥生性胆小，行踪隐秘，丁鹏每年都要带领团队"忽悠"中华凤头燕鸥回到岛上繁殖。那么，他们是怎么把中华凤头燕鸥"忽悠"回来的呢？

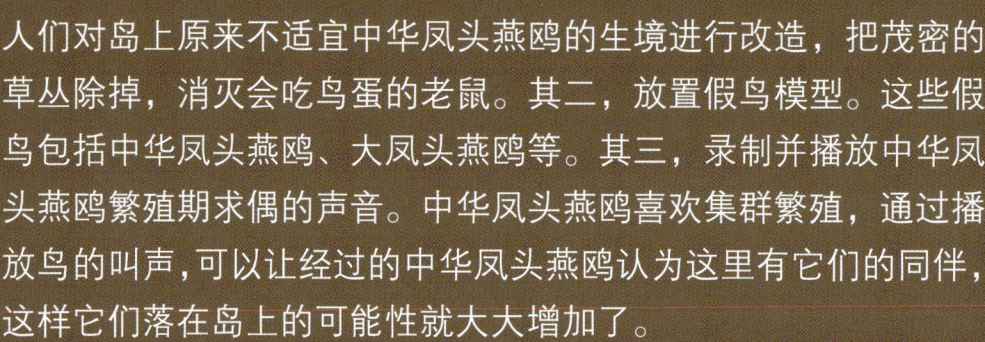
一只大凤头燕鸥站立在假鸟头上

要"忽悠"中华凤头燕鸥落地栖息，是要费点儿心思的。其一，要给它们准备一块心仪的栖息地。人们对岛上原来不适宜中华凤头燕鸥的生境进行改造，把茂密的草丛除掉，消灭会吃鸟蛋的老鼠。其二，放置假鸟模型。这些假鸟包括中华凤头燕鸥、大凤头燕鸥等。其三，录制并播放中华凤头燕鸥繁殖期求偶的声音。中华凤头燕鸥喜欢集群繁殖，通过播放鸟的叫声，可以让经过的中华凤头燕鸥认为这里有它们的同伴，这样它们落在岛上的可能性就大大增加了。

丁鹏告诉我们，有时候，他看到海面上有一大群中华凤头燕鸥在飞翔，仔细观察会发现，有游隼（sǔn）混在中华凤头燕鸥群中，正在捕食燕鸥。每当看到这种情形，丁鹏他们不能过多干预，因为游隼、蛇等燕鸥的天敌也要生存，我们只能让其自然面对生存的考验。

大凤头燕鸥与中华凤头燕鸥在岛上一起生活，它们的新一轮繁殖又开始了。现在，丁鹏带领团队坚守在小岛上，保护着中华凤头燕鸥的安全。我们相信，随着保护工作的推进，中华凤头燕鸥种群数量会逐渐壮大，它们将子孙绵延，不再是稀有而神秘的鸟类。

请答题

中华凤头燕鸥在繁殖期如何筑巢？

A. 用海藻　B. 用羽毛　C. 不筑巢

嘉宾观点

小浩：我选C。我之所以排除选项B，是因为中华凤头燕鸥用谁的羽毛筑巢呢？它们不会傻到要拔自己的羽毛吧！

小泽：我选C。我曾经看过一个短片，说中华凤头燕鸥数量之所以越来越少，就是因为它们把自己的蛋随便下在任何地方，这样蛋很容易被其他动物吃掉。

小玉：我选B。我想中华凤头燕鸥用自己的羽毛筑巢，是因为一年中它总会新陈代谢，有掉落的羽毛，它会收集羽毛用作巢材。用羽毛筑巢，隐蔽性比较强。

原来如此

中华凤头燕鸥会直接将蛋产在地上，而非筑巢。不久后，小燕鸥破壳而出，人们会为小燕鸥戴上环志，监测它的行踪。

张博士的科学小课堂

过去人们称中华凤头燕鸥为黑嘴端凤头燕鸥，因为它的嘴尖端是黑色的；如果鸟嘴部为全黄色，那么它就是大凤头燕鸥，也很珍贵。在我们新修订的《国家重点保护野生动物名录》中，大凤头燕鸥被列为国家二级保护动物。对这些燕鸥来说，在大环境下，巢材很难获得，因此它们也就不再筑巢。在自然界极端条件下生活的鸟类，如何活下去是它们一生要面对的考验。所以，我们要一直关注和保护它们，才能让它们继续生存在地球上。

正确答案是C，你答对了吗？

昆虫界的"伪装大师"

隐匿在树干上的螽（zhōng）斯

今天我们的动物观察员是科普老师王浩，他带我们来到云南省普洱市的太阳河国家森林公园，去看一看生活在那里的昆虫。

王浩举着专门拍昆虫用的"八爪鱼"相机，在一棵树下的草丛中发现了一只螽斯。螽斯主要生活在低纬度的中海拔地区，是昼伏夜出的昆虫。螽斯擅长拟态，白天它趴在树干上，几乎与树干融为一体，不仔细找根本发现不了；晚上它开始活动，吃地衣和苔藓。地衣是藻类和真菌共生的复合体，螽斯会伪装成地衣的样子，翅膀和三对足都变成了地衣及苔藓的专属色——淡灰绿色，如同穿上了吉利服[1]。

螽斯真是名副其实的"伪装大师"！

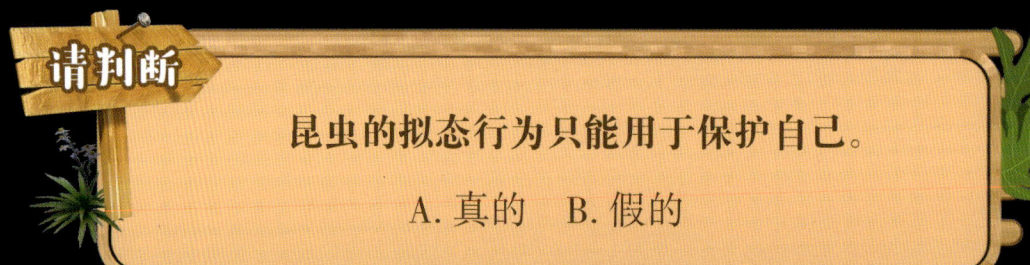

请判断

昆虫的拟态行为只能用于保护自己。

　　A. 真的　　B. 假的

---

[1] 吉利服：一种在执行军事任务时为了伪装自己、避免被敌人发现而穿着的服装。

嘉宾观点

小玉：我认为是假的。昆虫的拟态行为在保护自己的同时，可能也能保护到它的群体。

张博士的科学小课堂

小玉的选择是正确的，但解释错了。拟态其实是一种隐蔽方式，如著名的兰花螳螂模拟成兰花的样子，是为了捕食。所以昆虫的拟态并不是只用于保护自己，有时也是为捕食提供便利。

正确答案是 B，你答对了吗？

红艳艳的巨红蝽

一边走一边拍摄，动物观察员王浩在路边岩石下的草丛中找到了一只巨红蝽。巨红蝽分布于云南南部地区，全身呈现红色或者朱红色，背部小盾片处有黑色色斑。它的腹部很长，长度超过了翅膀；触角也很长，超过其体长。雄虫的体形略大于雌虫。它们主要的寄主是大戟（jǐ）科以及锦葵科的植物。

醒目的水滴形色斑

正在交尾的巨红蝽

请答题

巨红蝽喜欢把卵产在哪里？

A. 苔藓下　B. 落叶下　C. 树干上

嘉宾观点

安安： 我选 B。我曾经去云南看到过长相与巨红蝽类似的昆虫，我在落叶下发现过它们的卵。

张博士的科学小课堂

巨红蝽是红蝽类昆虫的一种，它喜欢趴在地面上，因此它们交配、产卵都是在地上完成的，它会把卵隐藏在落叶之下。

正确答案是 B，你答对了吗？

稀有昆虫——格彩臂金龟

为了拍摄到难得一见的昆虫，凌晨一点，动物观察员王浩带我们来到太阳河国家森林公园一处僻静的角落。我们借助灯光，在一棵大树下发现了格彩臂金龟。格彩臂金龟是昆虫界的稀有品种，它的地位和等级基本算得上是昆虫界的"大熊猫"。它有两条特化的前足，非常长，如同人的两只手臂，这也是臂金龟家族的重要特征之一。它们不擅长飞翔，多在地表活动，一般隐藏于树木、落叶层及苔藓下。格彩臂金龟幼虫以腐朽木材为食，那么，你知道成虫以什么为食吗？

请答题

成年格彩臂金龟的主要食物是什么？

A. 腐烂的水果　　B. 潮湿的苔藓　　C. 干燥的枯叶

格彩臂金龟

嘉宾观点

安安：我选B。我看到格彩臂金龟趴在树上，旁边还有一些苔藓，我觉得它是出来吃苔藓的。

张博士的科学小课堂

格彩臂金龟的主要食物是腐烂的水果，这是由它们的口器决定的，它们只能吃这一类的食物。

正确答案是 A，你答对了吗？

主持人：给动物称体重，要看称的是谁。小动物尚且好办，大动物或凶猛的动物就不那么好对付啦！今天我们就去看看称体重的那些事儿。

猞猁的体重

要给欧亚猞猁称体重，你知道要分几步吗？

全世界共有四种猞猁，分别是欧亚猞猁、加拿大猞猁、伊比利亚猞猁和短尾猫。在这四种猞猁中，要数欧亚猞猁的体形最大。猞猁虽然是猫科动物，长得像猫，但它可是正儿八经的猛兽。它不仅战斗力极强，很警觉，耳朵上的寸毛还能收集声波，它才不会乖乖地配合饲养员，自己走到体重秤上去呢。

最近，南京红山森林动物园猫科馆的饲养员小刘想给一只叫"二王"的猞猁称体重。它来动物园已有半年，人们需要掌握它的体重信息，方便后期管理。但称体重这件事可忙坏了饲养员小刘。

小刘准备先采用美食诱惑的法子。她拿来好多二王爱吃的鲜肉，隔着笼子，夹住肉，召唤二王。就在小刘准备把二王往体重秤上引时，二王警觉地发现身后有脚步声，它一个箭步蹿了回去。美食诱惑的计划失败了。

小刘并不气馁，这一次她采用对其他小动物屡试不爽的"跟随式训练"法。所谓"跟随式训练"，就是采用

加拿大猞猁

完成一次任务就给予一次奖励的方式，引导动物上称，完成称重。小刘拿着触碰道具，伸进笼子不同高度的网格，让二王用鼻子上下触碰，每完成

短尾猫

一次触碰，小刘就给二王一块鲜肉作为奖励。刚开始，二王很好地完成了触碰任务，它离体重秤越来越近了。就在下一秒要踏上体重秤时，突然，二王头一低，看到了体重秤。对这个碍手碍脚摆在地上的"家伙"，二王警惕性极高，它绕着体重秤转两圈，再一次逃跑了。"跟随式训练"法也失败了。

好几个小时过去了，二王始终处于警戒状态，丝毫不愿意上秤。见此情景，小刘只好清场，让拍摄的工作人员都退出场地，只留下摄影师一个人，看看二王会不会放松一点。

小刘准备用最近训练的抬腿动作来做最后的引导。二王听见小刘的召唤，看到旁边没有陌生人，便愉快地跑了过来。小刘拿出一根小木棍，探进笼子的网格，让二王用脚来触碰。同样，只要完成了动作，二王就会得到奖励。大多数人撤退后，二王对小刘和它玩的游戏兴趣很浓，它一步一步配合着小刘的指令。慢慢地，它的一只脚踩到了秤上，接着是第二只、第三只……终于它走上体重秤，数据显示出来了，称重大功告成啦！

体重是判断猞猁身体状况的一项重要标准。二王重20.5千克，饲养员看到这个数字后非常高兴，这说明它的健康状况非常好。

请答题

欧亚猞猁宽大的脚掌更利于它在野外干什么？

A. 爬树　B. 攀岩　C. 在雪地里行走奔跑

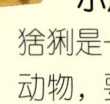

嘉宾观点

小浩：我选 C。猞猁是一种喜寒动物，要在雪地里行走奔跑，脚掌必须宽大。

小宇：我选 B。攀岩时，猞猁宽大的脚掌有利于增大摩擦力。

原来如此

欧亚猞猁在北温带、寒带地区生活。即使是北纬30°以南地区，它们也会选择栖居在寒冷的高山地带。猞猁的脚底有厚厚的肉垫，就像人类穿上雪地靴，能够在厚厚的雪地里自由行走。

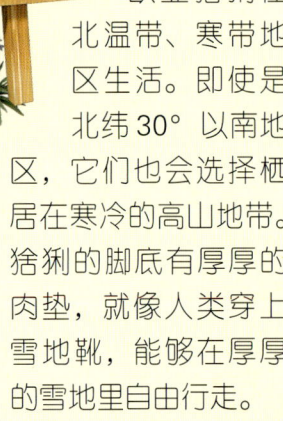

欧亚猞猁

张博士的科学小课堂

猞猁是国家一级保护动物，它前肢较短，后肢较长，走路时屁股是撅着的。猞猁的身体结构导致它并不善于攀缘。猞猁多分布在高纬度寒冷地区，宽大的脚掌增大了它的受力面积，使它不容易往下陷，更方便其在雪地里行走，其实猞猁的身体构造也是经过长期演化形成的。

正确答案是 C，你答对了吗？

蜥蜴中的活化石——鳄蜥

动物观察员罗树毅是广西大桂山鳄蜥国家级自然保护区管理中心的巡护员。今天他要带我们去看看广西壮族自治区贺州市特有的野生动物——鳄蜥。鳄蜥生活在山间溪流下的石缝中,有时也会趴在树枝上休憩。罗树毅告诉我们,分辨鳄蜥的性别主要看它体侧的色彩,体侧带朱红色花纹、比较鲜艳的是雄性,没有红色花纹的则是雌性。鳄蜥是爬行动物中比较古老的一类,也是中国特有的野生物种,因此被称为"蜥蜴中的活化石"。

请答题

受到惊吓时,鳄蜥会做出什么反应?

A. 发出声音恐吓　　B. 断尾逃走　　C. 跳入水中

嘉宾观点

小浩:我选C。鳄蜥有外号叫"大睡蛇"和"落水狗",它是睡在树上的,受到惊吓就会跳入水中。

张博士的科学小课堂

鳄蜥非常喜欢在水边生活,它栖息的地方距离水面有一定的高度,一旦受到惊吓就会直接跳入水中。

正确答案是C,你答对了吗?

生态环境的指示性物种——蝾螈

蝾螈是两栖动物，长相类似小蜥蜴，有四条短腿和一条长尾巴。和蜥蜴不同，蝾螈的体表没有鳞片，腹部有斑点状花纹。蝾螈嗅觉灵敏，视力相对较差，它喜欢晚上出来捕食，食物多为水中的小生物，比如蝌蚪、孑孓（jié jué，蚊子的幼虫）等，偶尔也会上岸寻找食物。蝾螈遇到危险时主要依靠快速摆动尾巴来移动，它的尾巴有较强的再生能力，断开后会慢慢长出一条新尾巴。蝾螈喜欢生活在阴凉、清洁的水中，它是生态环境的指示性物种。

请答题

以下哪种方式不是蝾螈的生育方式？

A. 卵生　B. 胎生　C. 卵胎生

嘉宾观点

小张：我选B。蝾螈属于两栖动物，只有卵生和卵胎生两种生育方式。

张博士的科学小课堂

蝾螈就是我们平常说的大鲵（娃娃鱼）的近亲，它们都属于有尾目。绝大多数蝾螈都是卵生的，也有卵胎生的，例如有一种生活在欧洲阿尔卑斯山的蝾螈就是卵胎生的。小蝾螈在妈妈肚子当中由卵孵化后再生出来，这也是动物对极端环境的一种适应。

正确答案是B，你答对了吗？

主持人： 有人做过统计，全球野生虎的数量在1900年约有10万只，到2020年仅剩3000多只。我国的野生华南虎数量十分稀少，不过，在动物园里，人们还是可以一睹它们的风采。今天，我们带大家去洛阳王城动物园看看，那里可是全国最大的华南虎种群所在地哟！

华南虎宝宝上学记

  2020年的一天，在洛阳王城动物园里，三只华南虎宝宝迎来了出生100天的纪念日！人类宝宝出生100天时还躺在襁褓（qiǎng bǎo）里吃奶，可华南虎宝宝出生100天时已经到了上"幼儿园"的年龄。华南虎宝宝要离开育幼室，离开"奶爸"王师傅24小时无微不至的照顾，迈出独立成长的第一步了。它们能适应新的生活吗？

  今天，王师傅为虎宝宝"备餐"格外用心。他切了小块鲜肉，又隔着温水加热，使肉回温。他在肉里加入维生素、骨粉、鱼油

三只可爱的华南虎宝宝

等营养物质，只希望虎宝宝能够吃得满意。吃完了"奶爸"精心准备的营养餐，三只小老虎恋恋不舍地和"奶爸"告别，前往"华南虎宝宝幼儿园"。到了新环境中，三只小老虎浑身不自在，它们蜷缩在角落里，全无"百兽之王"的威风。饲养员使出浑身解数也没能缓解三个小家伙的紧张情绪，于是只好请"奶爸"出山。

三只小老虎一见到"奶爸"就放松下来，它们向"奶爸"扑过去，就像看见爸爸妈妈来接自己放学的小朋友。王师傅养过40多只华南虎宝宝，是有着丰富育幼经验的超级"奶爸"，他一眼就看出小老虎在害怕什么。和人类宝宝第一次上幼儿园一样，小老虎到了不熟悉的环境会有分离焦虑，需要亲人的安慰。于是，"奶爸"把三只小老虎抱在怀里，挨个儿抚摸，还轻声细语地和它们聊天。等它们平静下来后，"奶爸"又抱着它们在户外草地上玩耍。人工搭建的滑梯、到处滚动的皮球……连三只小老虎中性格最胆怯的老三都放下防备，在"幼儿园"里开心地玩耍起来。

"奶爸"的办法真是管用！三只小老虎东看看、西瞧瞧，终于迈开了自我探索的第一步。华南虎宝宝"入园"的第一天就这样有惊无险地度过了，我们相信，它们今后会更加独立。

请答题

华南虎多大时会出现标记领地的行为？

A.1 岁　　B.3 岁　　C.5 岁

嘉宾观点

小浩：我选 B。3 岁时幼虎应该已经和母亲分开了，开始独立生活，会有自己的领地，也就有了标记领地的行为。

小泽：我选 B。标记领地可能是华南虎要学习的一项技能，我觉得 1 岁太小了，而 5 岁又太晚，在野外，用 5 年的时间去适应环境太漫长。所以我认为是 3 岁。

原来如此

无论是华南虎还是东北虎，到 3 岁时，它们都会通过喷洒尿液的方式来标记领地。

张博士的科学小课堂

标记领地的目的是圈地吸引雌性。雄虎 3 岁成年，所以 3 岁开始出现标记领地的行为。20 世纪 80 年代末，中国的野生华南虎基本销声匿迹，我们希望以国家公园为主体的自然保护地体系的建立，能够在不久的将来让华南虎重新回到它的栖息地。

正确答案是 B，你答对了吗？

巡护员防御毒蛇有妙招

动物观察员唐鑫林是神农架太阳坪生态保护中心的巡护员。今天，他将带我们揭开巡护员工作的神秘面纱。唐鑫林每天在保护区跋山涉水，十分辛劳。原始森林里虫蛇特别多，没走一会儿，一只蚂蟥就钻进了他的袜子。他将风油精滴在皮肤上，很快，蚂蟥便脱落了。

除了蚂蟥，蛇也是让巡护员头痛的家伙。黑眉锦蛇是一种无毒蛇，也是神农架常见的蛇类，它们喜欢在20℃的环境中生活。相比黑眉锦蛇，毒蛇就可怕得多，高温、高湿、闷热的天气里，毒蛇喜欢在草丛附近活动。巡护员脚穿绑腿（鞋套），手持"金箍棒"（树枝），才能起到一定的防护作用。

请答题

以下哪个选项是我们判断毒蛇的依据之一？

A. 花纹　B. 头形　C. 体形

嘉宾观点

小浩：我选A。在野外，蛇的花纹可以起到警示作用，告知别的动物自己有毒，请勿靠近。

张博士的科学小课堂

三角形头形是典型的毒蛇的特征。很多蛇具有拟态，能够模拟花纹，让别的动物以为它有毒，因此有些无毒的蛇也会有鲜艳的颜色。

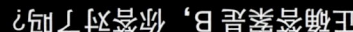

正确答案是B，你答对了吗？

请判断

中华鬣羚是独居动物,不会集群。

A. 真的　B. 假的

嘉宾观点

小宇:我认为是真的。我看拍摄到的一些影像,都是单独的一只中华鬣羚,所以我认为它是独居动物。

张博士的科学小课堂

很多独居动物在交配和繁殖的时候会分性别聚集在一起,形成一个类似"婚场"的求偶环境。它们在这一段时间内交配和繁殖,等繁殖期过去继续独居。

正确答案是 B,你答对了吗?

1、2、3，木头人

今天的《动物生存大讲堂》我们为大家请来了牛蛙老师。牛蛙是常见的蛙类，也是蛙科动物中的"大块头"，它的体重能达到2千克，体长约20厘米。不过，牛蛙可不是我国的本土物种，它原产自美洲地区。因为它的鸣叫声洪亮酷似牛叫，所以我们称它为牛蛙。

牛蛙给我们的印象是身形圆鼓鼓、胖乎乎的，喜欢静静地趴在角落里，憨态十足。但是你知道吗？牛蛙可是攻击性很强的捕虫高手呢！今天，牛蛙老师会给我们带来怎样的一堂课呢？上课，开讲啦！

我们都知道牛蛙是行动敏捷的捕虫高手，被它盯上的猎物基本逃不掉，可是有几只蟋蟀偏不信邪，它们要和牛蛙玩一场"1、2、3，木头人"的生存大比拼游戏。这个游戏相信大家都玩过，

牛蛙

游戏规则是：玩家蟋蟀需要保持静止不动，一旦移动了，牛蛙就会发现并吞噬蟋蟀。双方究竟谁会取得胜利呢？

现在，参与游戏的玩家悉数进入游戏场所——一个透明的盒子，游戏正式开始了。

"1、2、3，木头人。"一只蟋蟀只是瞬间挪动了一小步，但这细微的动作也没有逃过牛蛙的眼睛。它随即跳上前，一口把蟋蟀吞了下去。

"1、2、3，木头人。" 对于前车之鉴，第二只蟋蟀依然不思悔改，它慢慢匀速爬行，以为牛蛙不会发现自己。真是小瞧对手的实力了，牛蛙怎么可能放过到嘴边的美味呢？它又是一口将蟋蟀吞了下去。就这样，牛蛙一鼓作气吃下了好几只蟋蟀，盒子里蟋蟀的数量越来越少。

此时，一只意识到危险的蟋蟀发现透明盒子的缝隙，便使劲儿钻出了盒子。嘿，看来牛蛙老师要减减肥了。

这只机智逃脱的小蟋蟀是这场生存游戏中唯一幸存的蟋蟀，真是让人唏嘘不已啊。

请判断

牛蛙的眼睛只能看到运动的物体。

A. 真的　B. 假的

嘉宾观点

小浩：我认为是真的。我曾经看过一篇叫作《电子蛙眼》的文章，说蛙科动物眼睛的分辨率较低，能看到快速移动的物体，却几乎看不见静止的物体。20世纪，人类发明了电子蛙眼，专门用来检测飞机的航线。

小张：我认为是假的。蛙眼的瞳孔是能看到运动的物体的。牛蛙是一种纯肉食性动物，不动的东西在它看来要么不是它的食物，要么就是已经死亡的、不新鲜的食物，对牛蛙来讲没有意义，所以它不动，牛蛙就不吃。

张博士的科学小课堂

牛蛙的眼睛可以观察到静止的物体，它们可以用呼吸来带动头部作周期性的运动，从而检测出静止的物体。在捕食过程中，鲜活的食物才是牛蛙的头号目标，静止的蟋蟀在牛蛙的眼里被认为是已经死亡的动物。为了不浪费精力，牛蛙才会选择"看不见"它们。2019年，美国《科学》杂志上发表了一篇论文，揭示了蛙眼在识别静止物体时的能力。牛蛙是能看见自己生存环境中静止的物体的，只不过它眼睛的分辨率和人类的不同，人类看见的是清晰的物体，牛蛙看到的可能是模糊的。

正确答案是 B，你答对了吗？

主持人： 搜救犬作为工作犬，对人类的帮助特别大。在很多灾难现场，你都能看到搜救犬的身影。聪明、勤奋、专业的搜救犬拯救过很多人的生命。我们的动物观察员小路为了看看搜救犬的工作能力，和它们玩起了捉迷藏游戏，让我们一起去瞅瞅吧！

与搜救犬捉迷藏

裸露的钢筋、断裂的混凝土墙体、沉甸甸的家具、散落一地的砖块……这是地震后的现场吗？别紧张，这里是搜救犬日常训练用的废墟训练场。

这座废墟训练场的面积有八百平方米，内有十个深坑、十个浅坑和两处制高点，这里模拟了搜救犬工作中会面临的复杂环境。今天要和小路较量的是搜救犬"雷电"，它是一只马里努阿犬，曾在全国搜救犬大赛中取得过优异的成绩。

第一回合，小路躲在一个深坑里。这是模拟地震中人被掩埋

正在废墟训练场寻找目标的搜救犬雷电

时，身边会有管道通向户外，楼板间有空隙的环境。搜救犬就是通过管道和缝隙嗅到人体气味，找到幸存人员的。雷电在训练场内仔细搜寻，只用一分多钟就找到了两位消防员和小路所在的深坑位置。它原地坐下来，不停晃动尾巴并吠叫，示意这里有人员需要营救。

  第二回合，小路决定迷惑一下雷电。他把自己穿过的衣服、袜子随机放置在训练场内，在不远处还放置了一盆香喷喷的狗粮。最过分的是，他还带了一只榴梿，又在浅坑里喷洒花露水，这些浓重的味道会掩盖人体的气味。准备妥当，小路再次躲进了深坑。其实，小路也不是有意要刁难雷电，在地震灾区，搜救犬面临的工作环境中就有复杂的气味。

  雷电听到训导员的指令，出发进入训练场。它在场内转了几圈，先闻到了袜子所在的位置，因为这里没有人员，它站了一下就离开了。场地另一端，香喷喷的狗粮就露天摆放着。雷电从狗粮旁走过，没有丝毫犹豫，就走开了——雷电果然是训练有素的专业搜救犬，它明白，没有什么比救人更要紧！终于，雷电来到小路所在的位置。故意在深坑管道旁举着榴梿、迷惑雷电的小路听到了它的脚步声。嗅气味、翻土、吠叫……雷电识破了小路的"诡计"，顺利地找到了他。雷电完胜啦！

  搜救犬实在是太棒了，让我们一起为它们点个赞吧！

请答题

在废墟中被困时，人做出什么举动能更快被搜救犬找到？

A. 将口水抹在空气流通处　B. 敲击身边的物体

C. 大口呼吸

嘉宾观点

小丽：我选B。虽然狗的嗅觉很灵敏，但我觉得狗的听觉也很灵敏，敲击身边的物体应该会引起搜救犬的注意。

安安：我选A。如果被掩埋者身受重伤，就没有力气去敲击身边的物体了，涂抹口水能够保存体力，同时可散播信息。

马里努阿犬是称职的看家护卫犬。它攻击性强，弹跳力出色，灵敏性高且服从人类指令，是各国警方和军方青睐的优秀警用犬。

原来如此

对搜救犬而言，受困者最有效地发出信号的方法就是大口呼吸。因为搜救犬是利用气味寻找幸存者的，只要通过大口呼吸释放人体气味，搜救犬就能捕捉到目标。敲击身边的物体不能说没有用，但不是最有效的方法。因为现场有各种干扰因素，如现场作业的挖掘机、无齿锯、大型施工机械等，都会产生干扰。唾液离开人体后，气味源会慢慢减少，此外，家居环境里的各类物品也会散发出人体的干扰气味。所以在日常训练中，训导员会向搜救犬特意强调，寻找活体气味。

正确答案是C，你答对了吗？

主持人： 中国大鲵也叫娃娃鱼，是"动物界的活化石"，也是我国特有的珍稀两栖动物，野生中国大鲵现存的数量已经不足五万尾了。今天，让我们跟着动物观察员小路，去看看中国大鲵在野外的生存情况。

深山寻鱼记

听说湖南省新化县大熊山国家森林公园里有野生中国大鲵。动物观察员小路来到这里，顺着山间的溪流往上走，不一会儿便碰到了正在做野外调研的吉首大学大鲵工程实验室主任罗庆华教授。她要寻找的，也是中国大鲵。

中国大鲵对栖息地的环境要求很高：一是要有流水，流水能够增加水中的溶解氧。因为中国大鲵用肺呼吸，但是它的肺发育不完全，需要皮肤辅助呼吸，所以要从水中获得氧气。它栖息的地方就要求水中溶解氧含量较高。二是栖息地附近要有很多石头构成的洞穴，这样方便其休息。一般而言，天然暗河、石洞或

大鲵（供图/视觉中国）

开阔河道中由巨石与河底形成的浅坑里，更容易发现中国大鲵。

小鲵

小路和罗教授在山间小溪探寻一段时间后，小路在水里发现了一条长长的、滑溜溜的小家伙，它会是中国大鲵吗？小路将这个小家伙拿给罗教授看了看，罗教授发现它的腹部有红褐色的斑点，确认这个物种叫"瑶山肥螈"。它的陆生适应性比大鲵强，看上去和大鲵小时候的模样很接近。原来，大鲵、小鲵和蝾螈同属两栖类有尾目，眼前的瑶山肥螈尾巴的长度占了它身体长度近一半。蝾螈有眼睑（jiǎn），大鲵则没有；蝾螈和小鲵体侧没有皮肤褶皱，而大鲵体侧的皮肤褶皱非常明显。

初步了解了大鲵、小鲵和蝾螈的区别后，小路轻轻地把抓到的瑶山肥螈放回水中。为了更快地找到大鲵，罗教授提出应该给中国大鲵来点特殊"待遇"——她在溪流中放置了一条长长的地笼，笼里有为中国大鲵准备好的丰盛大餐，接下来就是静静等待中国大鲵入笼了。

坐在溪流间的大石头上等待期间，小路又想出一个奇招——用声音来引诱中国大鲵。他学着小孩子的声音叫了几声。罗教授笑着告诉小路，中国大鲵本身没有声带，是不能发出洪亮的声音的。《山海经》记载大鲵"其音如婴儿"，是古人对它的直观感受。罗教授说她曾多次听到过中国大鲵的声音，不过，那是一种比较短促的吱吱声，是空气在它的口咽腔里发生震动的声音。原来，"娃娃鱼的叫声像娃娃的啼哭声"竟然是谣传，用声音吸引中国大鲵，看来是没希望了。

转眼两个小时过去了，小路跟着罗教授回到放地笼的地方，看看在大餐的引诱下，能不能见到中国大鲵。

"有收获，有收获！"小路兴奋地叫着。原来，地笼里有很多溪蟹，它们也是中国大鲵的食物……其实，在罗教授平时的考察和调研中，也不是每一次都能够遇见中国大鲵。但这个地方无论是水质还是生态环境，都非常适合中国大鲵栖息。我们相信它们会在此快乐栖居，没准，下次就能见面了。

请答题

中国大鲵的卵是由（　　）孵化的。

A. 雌性　B. 雄性　C. 雌性和雄性交替

嘉宾观点

小丽：我选C。中国大鲵的生存条件很艰苦，雄性也应该帮忙孵化幼鱼，所以它们是交替孵化的。

安安：我选B。大多数鱼类都是由雌性孵卵的，但这次我想选一个特殊的答案——雄性孵卵。

原来如此

8-10月是中国大鲵繁殖的季节，一般是雄鲵去占据一个洞穴，然后雌鲵进去产卵。产完卵，雌鲵就离开洞穴，由雄鲵来孵卵，一直到孵出鲵苗。

正确答案是B，你答对了吗？

主持人： 我们常把刚开始做某项工作的人称为"新手"。人类有新手，动物也有，比如警犬。设想一下，如果一只新手警犬碰到一个新手人类搭档，会发生怎样的故事呢？

新手警犬和它的搭档

在警犬训练场，实习警员贯予皓穿好警服、戴好警帽，呼唤他的搭档——警犬"小宝"。小宝是一只马里努阿犬，未来，它将被训练成扑咬犬。见到贯予皓，小宝显得十分兴奋，它摇晃着尾巴，伸长舌头，站直身子，目不转睛地盯着贯予皓。可是，贯予皓刚开始接触小宝时，它可不是这样的……

作为警犬技术专业的学生，和警犬亲密接触、训练警犬是实习警员们的必修课。选择什么样的警犬则是由抽签决定的。贯予皓第一次见到小宝时，它还有些紧张，蜷缩在角落里，碰都不让人碰。看着胆怯的小宝，贯予皓想，等将来他们熟悉以后，小宝一定能活泼开朗一点。

大学毕业后，贯予皓牵着小宝，来到警犬基地实习。"咱们都是新手，小宝啊，你要好好表现，给同事们留下好印象才行哟！"贯予皓语重心长地说。

"齐步走——立定！向右转！"训练场上，教官发出了号令，贯予皓跟随另外两位警员，牵着警犬，接受检

阅。今天安排的是扑咬课目,对于第一次参加训练的小宝来说,这里的一切都是新鲜的、有趣的。等等,哪里来的饭香味?嗅觉灵敏的小宝很容易走神,幸好贯予皓扯了扯犬绳,提醒小宝要专心训练。

大学里第一次组织考核时,贯予皓所在班级的大多数警犬都只能完成坐、卧、立课目,而那时的小宝就已经掌握了远距离指挥的课目,如此优秀的表现,让贯予皓信心满满。

扑咬犬考核最重要的指标是要辨明两个指令:"注意"和"袭"。当警员喊出"注意"的指令时,会手指前方的一位警员同事,此时的扑咬犬应当全神贯注地盯住"敌人",听懂口令,蓄势待发。

"袭!"口令下达后,扑咬犬要奋力冲上去,果断地咬住"敌人"的一只手臂,将护臂扯下后,考核才算顺利通过。如果扑咬犬不按照指令去做,实战中很容易咬错人,造成严重的后果。

两位警员带着他们各自的警犬,顺利地完成考核,做出了好的示范。接下来,轮到贯予皓和小宝出场了!

"注意——"贯予皓的话音未落,小宝便一个箭步冲向对面的"敌人"。见势头不妙,贯予皓急忙去追,不过为时已晚。虽然小宝用力啃咬,扯下了"敌人"的护臂,但它没有按指令行动,考核依然未能通过。

　　看着两位同事和他们的警犬表现得那么优秀,贯予皓有些慌张。教官对这次训练做了如下总结:"今天我们的总体表现还是不错的,小贯的这只犬以后还得做到一令一动,这是扑咬犬的标准。实习期后有一次考评,到时候我们再看看你们的表现。大家继续努力!"

　　训练结束了,贯予皓对这次训练进行了反思:"小宝当时的兴奋度是足够的,但正是因为扑咬欲望太强,它的指令意识显得不足,这将成为我训练它的最大难题。"正如贯予皓所说,在后来的多次训练中,小宝依然不听口令,直接扑咬,气得贯予皓放出狠话,再不听话,就不许小宝吃饭。小宝望着贯予皓离去的背影,气呼呼地坐在地上,好像在说:"不吃就不吃,我也是有脾气的!"

　　好在小宝的脾气从不留着过夜。过了一会儿,看到贯予皓气消了,它就跑过来,故意在贯予皓身旁转悠,没多久,他们便重归于好了。

　　随着训练的不断强化,渐渐地,小宝有了明显的进步。一天,贯予皓突然发现,他站在较远距离时,小宝对指令更加敏感,贯予皓一下子找到了训练的突破口。"注意——袭!""注意——袭!"已经数不清进行了多少次训练,功夫不负有心人,小宝终于学会按照口令行动了!

　　考核的日子终于

到了。今天,站在训练场上的小宝是那么英姿飒爽,沉着稳重。当听到口令的那一刻,小宝猛地扑了上去,奋力咬住"敌人"的护臂。如此优秀的表现让在场的所有警员都鼓起掌来,大家都在为小宝喝彩。

教官宣布:"恭喜小贯和小宝,你们通过了扑咬课目考核!"

贯予皓和小宝这一对好搭档相互学习,一起成长。我们希望在不远的将来,他们能成长为独当一面的警员和警犬,为维护一方安宁贡献出自己的力量。

请答题

下列常见犬种中,哪一种不适合训练为警犬?

A. 拉布拉多猎犬　B. 边境牧羊犬

C. 西伯利亚雪橇犬(哈士奇)

嘉宾观点

小丽:拉布拉多猎犬可以狩猎,边境牧羊犬可以牧羊,这两种犬有较高的智商。西伯利亚雪橇犬只需要用蛮力去拉动雪橇就行了,我觉得它的智商比其他两种犬要低一些。

张博士的科学小课堂

对于警犬而言,最重要的一点是要听话。如果真让边境牧羊犬去咬人,它扑咬时会先在腿上来一口——它有自己的思维模式,不会按照警员的指令行动。西伯利亚雪橇犬的智商虽然和另外两种犬相比,确实弱了一些,但是它也没有那么差。在我国,用西伯利亚雪橇犬当警犬的现象并不普遍,但在俄罗斯或北欧的一些国家,它们仍然在警务工作中充当重要角色。

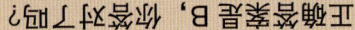

正确答案是B,你答对了吗?

全国走一走·动物猜猜看

大金雕的捕食示范课

动物观察员唐杨林带我们来到北京市门头沟区附近的幽州大峡谷。抬眼望去,这里山峦高耸、植被稀疏,特别适合金雕生存。唐杨林站在树荫下,观察到一对金雕在天空中展翅翱翔。那只带有一些白色飞羽的小金雕正跟着大金雕在空中学飞翔,练习了一会儿,大金雕开始演示如何捕食。经过一番巡视,大金雕锁定了猎物,那只"可怜虫"正躲在悬崖边的一处树丛中。只见大金雕先盘旋于陡峭的岩石间,然后倏地急转直降,向树丛冲去。再看到大金雕时,它的爪子已牢牢抓住了猎物。这堂捕食示范课真的太精彩了!

请判断

雄性金雕和雌性金雕的外形是完全一样的。

A.真的　B.假的

嘉宾观点

安安: 我认为是真的。成年金雕不管是雄性还是雌性,翅膀的颜色应该是相同的。文中介绍翅膀中央有白色飞羽的是小金雕。

张博士的科学小课堂

大部分鸟兽还是符合雌雄有差异这个规律的。就算雌雄没有明显色彩差异,但体形也有一定区别。

正确答案是B,你答对了吗?

主持人： 大家都吃过蜂蜜，蜂蜜除了甜，还带有花香，例如槐花蜜、枣花蜜、百花蜜……在湖北神农架地区，有一种蜂蜜叫"千花蜜"。难道那里的蜜蜂能收集上千朵花的花蜜？我们一起去看看吧！

悬崖上的"千花蜜"

朱诗军是神农架林区官门山景区的养蜂人，他养蜂的方式堪称一绝。我们常见的蜂箱都是整齐地摆放在地上的，朱诗军养蜜蜂却把蜂箱安置在悬崖上。远远看去，岩壁上密密麻麻的小箱子就像一座座悬空而建的建筑，甚是壮观。

朱诗军向动物观察员冯禧介绍，因为中华小蜜蜂喜欢住在岩壁下和岩缝里，而这里的蜜源和水源环境又符合蜜蜂酿蜜要求，为了照顾蜜蜂的生活习性，就把蜂箱放置在悬崖上了。

此举方便了蜜蜂，但苦了养蜂人。朱诗军平时查看蜂箱情况、取蜜都在悬崖上作业，爬上爬下不仅困难，还有一定的危险。冯

从蜂箱底部小孔钻出来的中华小蜜蜂

黄澄澄的蜂蜜

禧好奇，想体验如何在悬崖上取蜜，朱诗军答应了。

穿上养蜂人防护服，系上攀岩装备，朱诗军和冯禧开启了今天的工作。冯禧攀上悬崖，低头一看，此时她所处的位置竟有三十多米高，这可相当于站在十楼的露台上。

冯禧问："朱师傅，山里的黑熊真的会偷蜂蜜吗？"朱诗军笑着说："真的会。黑熊每年都要吃掉我几十箱蜂蜜。"这么高的悬崖都挡不住黑熊对蜂蜜的渴望，看来这蜂蜜是真香呀！说到这儿，冯禧迫不及待想尝尝蜂蜜的滋味了，但是取蜜是有固定流程的。朱诗军说："先要观察蜂箱里的蜜满了没有，我们可以用手在蜂箱侧面敲一敲，根据声音判断。一般声音听起来比较闷就代表蜜满了，可以取蜜。取蜜前，我们还要喷烟，用烟把蜂箱里的蜜蜂熏走；最后才能用勺子取蜜。"冯禧在朱诗军的指导下取了满满一盆蜜。

工作了几个小时，终于可以尝尝劳动果实了，但冯禧还有一个问题没有弄明白：这蜂蜜为何叫"千花蜜"呢？朱诗军说，神农架有两千多种植物，只要植物开花，都会产蜜。吃着通过自己辛勤劳动换来的黄澄澄的蜜，冯禧不禁感慨："真甜，我们收获的蜜果然是名副其实的'千花蜜'呀！"

请答题

在取蜜的过程中往蜂箱里喷的烟雾是由以下哪种材料燃烧产生的？

A. 樟树叶　B. 艾草　C. 秸秆

嘉宾观点

安安：我选B。艾草能驱蚊，对蜜蜂应该也有点效果。

小玉：我选A。樟树叶味道特别浓郁，对昆虫刺激较大，燃烧樟树叶产生的烟雾肯定能赶走蜜蜂。

小泽：我选A。蜜蜂跟蟑螂都属于昆虫，樟脑球就是专门对付这些昆虫的，所以樟树叶应该可以驱赶蜜蜂。

原来如此

朱诗军：艾草有消毒杀菌的作用，蜜蜂被艾草燃烧产生的烟雾熏到就会飞走，这就降低了取蜜的难度，取出来的蜂蜜也是干净、卫生的。

正确答案是B，你答对了吗？

打开蜂箱盖后，用烟雾喷枪喷扫可以驱赶蜜蜂

主持人： 你听说过神农架"天敌繁育场"吗？繁育场里繁育的是谁的天敌呢？让我们走进神农架，为大家揭晓这些问题的答案！

天敌繁育场

过去，在湖北神农架茂密的森林里，许多树木饱受美国白蛾、蛀干类害虫等虫害的威胁。像松材线虫病这样的毁灭性虫害发病速度极快，树木一旦感染，损失将无法挽回。

自然界中的每个生物都有自己的天敌。神农架林区是国家重要的生态功能区，如今，这里的工作人员为了防治林木虫害，成立了"林业有害生物天敌繁育中心"，并开发出一条特殊的"生产线"。繁育中心通过繁育害虫的天敌，以虫治虫。为了一探究竟，动物观察员冯禧准备跟着繁育中心的技术人员柏冰洋老师一起去了解其中的奥秘。

柏老师从事害虫繁育工作已经很多年了，他告诉冯禧，神农架这个天敌繁育场主要繁育三种治害昆虫，分别是：通过寄生方式，防治蛀干类害虫的花绒寄甲；通过寄生方式，防治美国白蛾的周氏啮小蜂；通过寄生方式，防治松墨天牛

花绒寄甲的卵，用于防治蛀干类害虫

周氏啮小蜂的蛹，还未成虫，用于防治美国白蛾

的管氏肿腿蜂。

　　冯禧看到，实验室里有一个培育箱，可以用来模拟野外生存环境，培育害虫的天敌。柏老师告诉冯禧，等它们培育完成后，工作人员便将治害昆虫的卵包放在可降解的纸盒中，投放到自然环境里。卵孵化成虫后，纸盒也降解了，一点儿不破坏环境。介绍完这条特殊"生产线"的原理，柏老师带着冯禧在风淋室进行全方位消毒后，走进生产车间，体验制作放虫盒的过程。在方寸大小的纸片上，密布着上百颗虫卵。从裁剪到包装，再到成盒，都是在这个生产车间里完成的。

　　柏老师说，一般情况下，8-10支管氏肿腿蜂的蜂卵孵化后的成虫，可以守护一亩地（约666平方米）的松林。神农架林区3200多平方千米的土地上，有规模不等的松林，自2012年这条生产线建立之后，人们就一直用这种以虫治虫的方式守护着林区。因为这种方法的推广，整个神农架地区化学农药的使用量也大幅下降了，神农架丰富的动植物资源被保护起来了。作为三峡工程和南水北调工程重要的水源涵养地，这道绿色屏障的建立将造福于民，保护神农架生态体系的健康。

管氏肿腿蜂寄生松墨天牛的过程

准备寄生　　　　取食幼虫　　　　管氏肿腿蜂结茧

管氏肿腿蜂

请答题

在松树林中，应该将管氏肿腿蜂投放在哪个位置？

A. 泥土中　B. 树根处　C. 树干上

嘉宾观点

安安：我选B。泥土里空气不够，它容易窒息，在树干上容易摔落，我认为放在树根处最合适。

小泽：我选B。我觉得放在树根处更好些，这样它就可以自由行动，不受拘束了。

原来如此

柏冰洋：一般将管氏肿腿蜂投放在树干上，距离地面约1.5米高的位置。埋在土壤里不利于它往树干上爬，对防治效果会有一定不利影响。而树根处会有大量蚂蚁，蚂蚁会攻击管氏肿腿蜂，有一部分管氏肿腿蜂会被蚂蚁杀死。

正确答案是C，你答对了吗？

探访金丝猴

在神农架广袤的森林里,我们能看到数不尽的神奇植物,如果我们有足够的耐心和运气,还能见到一些在树枝间飞跃的精灵,它们就是国家一级保护动物——金丝猴。神农架地区的金丝猴属于川金丝猴的亚种,今天,动物观察员冯禧来到神农架大龙潭金丝猴研究基地,找到基地的工作人员吴锋老师做探访向导,准备去看看这些蓝脸金毛的小精灵。

猴群日出而作,日落而息,所以工作人员要起得比猴更早,每天的相伴也让猴群慢慢习惯了人类的存在,它们把工作人员当成了邻居。

此时正值盛夏,是金丝猴繁殖的高峰期,它们之间经常发生激烈的打斗。吴老师和同事们会记录下金丝猴的受伤情况和猴王更替的情况。有时,猴群里发生的有趣故事也会被人们记录在案。工作人员看到猴子打架,是不会干预的。吴老师说,打架是金丝猴社会的自然法则,只有足够强壮的公猴才会成为家长,人为干

预会破坏这一法则。

为了更深入地了解金丝猴的秘密，吴老师给冯禧引荐了一位重要人物——研究基地的姚院长。姚院长介绍说，全国有两三万只金丝猴，而整个神农架地区现有1400多只。川金丝猴的家庭构成是一雄多雌的，没有组建家庭的公猴会另外组成一个"全雄群"。到了一定年龄，这些公猴会向有家室的大家长——猴王发起挑战，挑战成功的便名正言顺地成为新的家长，失败的猴王则会进入全雄群。打架中受伤严重的猴子会被送到小龙潭金丝猴救助基地进行看护。这个基地从1995年成立至今，

救助过的金丝猴有100多只。这里也具备金丝猴饲养监测、繁育研究和野外放归等能力，这对于研究和保护神农架地区的金丝猴发挥了重要作用。

随着开发的深入，神农架林区铺设了多条公路，为了让动物的出行安全有保障，林区专门为动物架设了生态廊道。目前正在建设的有上跨式（藤蔓桥、树干桥等）、下涵式（动物用地下隧道）和缓坡式三种，用于连接动物的各处栖息地，实现人与动物的和谐共存。

请答题

以下三种野生动物通道，哪一种是金丝猴最常用的通道类型？

A. 上跨式　B. 下涵式　C. 缓坡式

嘉宾观点

小张：我选A。一般"齐天大圣"碰到挡道的，都是直接飞过去，金丝猴应该是喜欢上跨式廊道。

小泽：我选C。金丝猴上蹿下跳，可能坡缓一点对它比较友好。

原来如此

姚院长：金丝猴经常在树上跳跃，它们喜欢上跨式廊道；下涵式廊道主要是给一些小型动物用的；缓坡式廊道主要是给一些大型偶蹄类动物使用。

正确答案是A，你答对了吗？

主持人： 广西西南部的崇左地区山多地少，喀斯特地貌特征显著，动植物种类丰富。白头叶猴是崇左独有的物种，据说这个已在地球上生存了300万年的物种，它们的祖先是从印度尼西亚向北迁徙，后来在广西崇左定居的。因为它们的毛色和周围石壁的颜色十分接近，所以想找到它们相当艰难。接下来，我们跟随动物观察员路伦一的脚步，去探访神秘的白头叶猴。

与白头叶猴说"早安"

早晨五点半，快到白头叶猴起床的时间了，动物观察员路伦一满怀憧憬地走在白头叶猴国家级自然保护区的山路上，陪行的还有该保护区板利片区保护站站长吴世军。"我希望能有运气和白头叶猴道一声早安！"小路充满期待地说。

走着走着，一股动物的气味扑面而来，而且越来越浓烈，小

白头叶猴是国家一级重点保护野生动物

正蹲坐在峭壁上的白头叶猴母子

路已经进入白头叶猴的领地了。果然，一面陡峭的山岩就耸立在面前，刚刚苏醒的白头叶猴正蹲坐在峭壁上，伸着懒腰。小路眼神很好，一眼就看出这面岩壁上有两种不同的颜色：一半是石头正常的灰白色，另一半则偏褐色。他问吴站长："这些石头为什么有明显的色差呢？"吴站长笑着说："这是白头叶猴的'门牌号码'。"原来，那些褐色是白头叶猴的尿渍造成的，涂抹尿液是它们标记领地的一种方式，有了标记，别的猴群就知道这个区域有主人了。

太阳渐渐升起，白头叶猴也活跃起来，它们纷纷跳下岩壁，坐上枝头开始吃早餐。小路发现一旁茂密的树林里正躲着一只白头叶猴，便想凑近观察。白头叶猴也不怕他，淡定地吃着树叶。因为和野生白头叶猴的距离近在咫尺，小路激动地向它打招呼："早上好！"这猴儿看了他一眼，转身跑开了。

小路还没看清白头叶猴的真面目，头顶上的一泡猴尿就浇了他一身。"嘿，你这边吃边尿的习惯可真不好！"小路无奈地说。

回头看看吴站长,人家可是有备而来的——吴站长打着一把伞,不仅自己不会被尿液淋湿,还能保护摄影器材呢!

据吴站长介绍,眼下他们看到的白头叶猴种群有28只猴子,是该保护区最大的猴群。每只成年白头叶猴每天大约要吃600克树叶,而此时他们所处的地方又被称为"白头叶猴餐厅"。小路身边有一棵白头叶猴喜食的构树,工作人员为了确认树种,就在枝干上挂了树牌。这里有60多种树都是白头叶猴的食物,工作人员会一一标记,方便观察。"白头叶猴餐厅"有一块地原来是种甘蔗的,保护区后来把地租下来,种上了白头叶猴的食源树木。白头叶猴之所以能在崇左长年栖息、代代繁衍,跟保护区为它们打造的"餐厅"息息相关。为了拓宽白头叶猴的栖息地,方便不同猴群之间的"联姻",工作人员还在公路上架起"白头叶猴生态廊道"。我们惊喜地看到,白头叶猴已从20世纪80年代初的300多只,发展到现在的1300多只,这一成就来之不易。让我们向保护站的工作人员说一声"您辛苦了"!

请答题

白头叶猴起床后第一件事是干什么?

A. 吃饭　B. 排泄　C. 鸣叫

嘉宾观点

小丽:我选B。白头叶猴起床后的第一件事就是排泄,它们一般很少鸣叫,只有公猴在争夺领地的时候才会鸣叫。

小张:我选C。我觉得鸣叫比较合理,比如鸡就是天一亮就鸣叫的。

原来如此

吴世军:白头叶猴早上起来第一件事是上厕所,然后离开夜宿点准备吃早餐。

正确答案是B,你答对了吗?

夜访凭祥睑虎

夜幕降临，山林渐渐安静下来。动物观察员小路并没有睡觉，他拿着手电筒在野外路边四处寻找着。他在找什么呢？突然，小路手中手电筒的光柱扫过一处岩石，他发现有个小家伙正趴在岩石上。

这个小家伙看起来很像壁虎，但比壁虎体形更大，体表的花纹也比壁虎艳丽。它有着又大又圆的琥珀色眼睛，四条细长而有力的小腿支撑着长长的身体，灰色的皮肤上带有黑色的斑点，躯干和尾巴上有环纹，躯干环纹呈橘黄色，尾部的环纹则是白色的。广西弄岗保护区宣教科工作人员农正权告诉小路，它是国家二级保护动物——凭祥睑虎，属于两栖爬行类，因为首次发现地在与崇左临近的广西凭祥市，因而得名。

广西壮族自治区是睑虎物种分布最集中的地区

凭祥睑虎的橙红色虹膜在睑虎家族中是比较常见的

凭祥睑虎白天住在洞穴或者石缝里，天黑之后就爬到石头或树干上，伺机觅食。一旦发现危险，它会马上钻入洞穴或者石缝里躲避。它喜欢捕食蜘蛛、蟋蟀等，崇左的自然环境为凭祥睑虎提供了大量食物来源。它悠然地在山间觅食，就像我们享用惬意的自助餐那样。此时已是初冬，凭祥睑虎仍然活动频繁，好像丝毫没有受到季节的影响。

今天见到的这只凭祥睑虎让小路想起曾经在海南岛见过的另一种睑虎——霸王岭睑虎，它是凭祥睑虎的近亲，它棕黄色的皮肤上分布着黑色的斑点和条纹，也十分漂亮。

请判断

凭祥睑虎在冬天不需要冬眠。

A. 真的　B. 假的

嘉宾观点

小丽： 我认为是假的。在广西，冬天气温也会降低，凭祥睑虎属于爬行动物，还是会冬眠的，只不过广西进入冬天迟，所以它冬眠的时间也会推迟。

小泽： 我认为是真的。海南还有霸王岭睑虎，可见睑虎分布在南方热带或接近热带地区，这个物种很有可能就是不冬眠的。

正伺机觅食的凭祥睑虎

原来如此

广西弄岗保护区宣教科农正权： 凭祥睑虎会冬眠。因为广西地区比较温暖，进入冬天的时间相对较迟，所以一般情况下，每年12月到来年的3月是凭祥睑虎的冬眠期。

正确答案是 B，你答对了吗？

大山里的鹦鹉"晨会"

听,这里有风吹过竹林的声音,有呖(lì)呖鸟鸣,这些都是大自然的声音。

云南省普洱市芒坝村地处澜沧江流域普洱段,位于糯扎渡省级自然保护区内。这里一年四季气候温和,森林植被覆盖率高,野生鸟类资源十分丰富。几百年来,这里的大紫胸鹦鹉和当地居民和谐共处,芒坝村也因此有了一个特别的名字——鹦鹉寨。

大紫胸鹦鹉因额头和腹部的羽毛为灰蓝紫色而得名,属国家二级保护动物。它们体形较大,是长尾鹦鹉中体形最大的一种。我国的大紫胸鹦鹉主要栖息在海拔1250~4000米的喜马拉雅山脉的丘陵地带。芒坝村的海拔约为1360米,正适合大紫胸鹦鹉生活。

芒坝村周围有30多棵树龄几百年的大榕树,还有着大片竹林。村民王成家门口就生长着好几棵茂盛的榕树。每天清晨,成群的大紫胸鹦鹉都会在一棵大榕树上开"晨会"。王成对大紫胸鹦鹉的习性十分了解。他说,这些鹦鹉每天早上七点前后就会飞到他家门口的榕树上,用它们的鸣叫声召唤大家开

正在树上开"晨会"的大紫胸鹦鹉

被王成救助过的大紫胸鹦鹉

启新的一天。

  出于对大紫胸鹦鹉的喜爱，2001年，王成开始配合当地林业部门对大紫胸鹦鹉等珍稀鸟类进行保护，成了一名光荣的护林员。动物观察员冯禧跟随王成行走在芒坝村的小道上，随处可见高大、粗壮的榕树，每棵榕树都有四五百年的历史，大紫胸鹦鹉就喜欢在这样的树上筑巢。看着这一棵棵高大的榕树，冯禧推测，或许早在几百年前，大紫胸鹦鹉就已经在芒坝村定居，村子也早就和鹦鹉结缘了。王成点头称是："以前我家隔壁有一户人家，他的爷爷和他爷爷的爷爷都说过，他们那个年代就已经有鹦鹉在这儿栖居了。"这么看来，当地人和鹦鹉之间保持了长久的和谐相处的关系。

  每年繁殖季，都会有刚孵化出的小鹦鹉不小心掉落到地面的情况发生。每当遇到这种情况，王成都会想办法进行救助，他累计救助了10多只大紫胸鹦鹉雏鸟，每只鹦鹉雏鸟都要精心养护一两个月才能放归山林。渐渐地，王成家也变成了乡亲们都知道的大紫胸鹦鹉救护点，每天早上在他家开"晨会"的大紫胸鹦鹉可是越来越多了！

请答题

被救助的大紫胸鹦鹉雏鸟,通过观察它的哪个部位可以确认放归?

A.爪子　B.尾巴　C.翅膀

嘉宾观点　小张:我选B。鸟尾巴主要起平衡作用,尾巴长好之后,飞行才能稳当。

小玉:我选C。雏鸟要等羽翼丰满才具备飞行能力,所以我觉得应该观察它的翅膀。

大紫胸鹦鹉雄鸟上嘴为红色,下嘴为黑色,雌鸟整个嘴部均为黑色

原来如此　王成:大紫胸鹦鹉先长翅膀,再长尾巴,尾巴长长之后才能在飞行中保持平衡和控制方向,所以判断放归的重要条件就是观察它的尾巴是否符合放飞条件。

正确答案是B,你答对了吗?

赵站长和他的"小平安"

在云南省普洱市无量山自然保护区的村庄里，有一位特殊的"客人"，人们叫它"小平安"。小平安是一只雌性西黑冠长臂猿，它和族群走散后，来到这里，受到了村民们的欢迎。追赶大鹅、和小鸡玩耍、找村民要食物是小平安在村子里的日常生活，它很快就和人类朋友混熟了。

西黑冠长臂猿在全球的数量有 1200~1500 只，其中绝大部分分布在云南省无量山和哀牢山国家级自然保护区内，在云南省西南部的景东县就有西黑冠长臂猿种群 80 群，共 500 余只。西黑冠长臂猿是森林生态系统的指示性物种，它们响亮的叫声可以传播到一两千米之外，很容易被人们监测到。它们喜欢吃成熟的果实，果实的种子往往会随着它们的粪便排出。因为它们的活动范围大，所以能帮助森林植物高效地传播种子。西黑冠长臂猿是保护区的重点保护物种，它们生存的森林生态系统也是我国生物

无量山和哀牢山国家级自然保护区是西黑冠长臂猿的重要保护地

在管护站接受康复治疗的小平安

多样性较为丰富的地区，不仅保护了西黑冠长臂猿，与其共同栖息的其他野生动物也能得到有效保护。

小平安天天跟在小鸡、大鹅身后玩耍，招猫逗狗，十分顽皮。一次，它因为不慎触电受伤，被人们送往昆明救治。救治结束后，动物保护工作者将它送到景东进行野化训练，无量山景东管护局芹菜塘管护站的赵贤坤站长成了小平安的"监护人"。

赵站长照顾野生动物经验丰富，小平安每天的作息都被他记录在案。赵站长像照顾挑食的孩子一样照顾小平安的饮食。除常规食物之外，他还翻山越岭地采集崖爬藤嫩叶、野果给小平安加餐，他说这样可以帮助小平安熟悉、适应周围的自然环境和食物，放归野外后就不怕它饿肚子啦！

小平安一顿要吃 400~600 克食物，野生果子、香蕉、苹果和面包都是它的"菜"，赵站长对小平安食物的配比和每餐克重都有严格的规定。为了保证食物多样化，赵站长每种野果只采摘一两个，一次要走好久的山路，还要爬上高高的树干，采集野果。

景东无疑是放归小平安最好的地方，这里的居民对野生动物包容友好，这里的工作人员耐心细致。在他们的照顾下，小平安一定能顺利完成野化训练，早日回归大自然，在无量山组建自己的家庭。

请答题

西黑冠长臂猿主要通过什么方式求偶？

A. 争斗　B. 舞蹈　C. 鸣叫

嘉宾观点

小张：我选C。"两岸猿声啼不住，轻舟已过万重山"，自古以来，猿在人的认知中就是以鸣叫见长。

小宇：我选B。西黑冠长臂猿求偶的主要方式是动作，所以我猜是舞蹈。

小泽：我选C。西黑冠长臂猿主要生活在林冠层，树叶茂密，它们只能通过鸣叫来交流沟通，雄性西黑冠长臂猿也用鸣叫来宣示领地。

原来如此

赵站长：西黑冠长臂猿七八岁时性成熟，性成熟后就会用不同的鸣叫声与同伴进行交流。

正确答案是C，你答对了吗？

西黑冠长臂猿两性毛色差异很大，雄性为全黑色，雌性呈棕黄色或橙黄色

梅花鹿的"秋装"

浙西之巅有一处绝妙佳境——清凉峰国家级自然保护区千顷塘区域。这里重峦叠嶂、云雾缭绕,自然环境优美,分布着华南梅花鹿种群,有着以野生华南梅花鹿为主要保护对象的半生态繁殖基地。每年深秋,这里便开始上演属于华南梅花鹿的"换装秀"。今天,动物观察员刘菩就要带大家去一探究竟。

千顷塘保护站有一位与梅花鹿打了二十多年交道的章叔岩老师,他一直在拍摄梅花鹿和清凉峰周边的各种动物,刘菩想请他帮忙,让我们能近距离观察梅花鹿。

一到保护站,热情的章老师就邀请刘菩一起去给梅花鹿喂食,这样的好机会当然谁也不想错过。保护站给梅花鹿准备的饲料闻起来特别香,章老师介绍,梅花鹿的饲料都是他们用玉米粒和粗麸(fū)皮按照约3∶2的比例配制的。如果粗麸皮放多了,会对梅花鹿的肠胃造成伤害。除了这两种配料,章老师还会往饲料

中撒一些盐。原来，野生梅花鹿会在大自然中寻找含盐的石块舔舐，以补充身体所需的盐分。保护站里的梅花鹿当然不必那么麻烦，人工给它们添加就好啦！饲料投放完毕，刘菩刚想靠近瞧瞧，远处就传来了呦呦鹿鸣。章老师说："这是梅花鹿发出的警戒声，说明我们已经干扰到它们了，我们就远远地观察吧！人类和野生动物接触得越近，对它们的干扰就越大。"

为了方便观察，章老师和刘菩准备上山顶看看。清凉峰果然好清凉啊！刘菩冷得穿上了厚厚的羽绒服，她问："梅花鹿难道不怕冷吗？"章老师笑着说："梅花鹿夏天有夏天的'衣服'，冬天有冬天的'衣服'。每逢秋季，梅花鹿都会给自己换上一身深棕色的'秋衣'，它身上的'梅花'也会不见，在准备抵御严寒的同时也能更好地与周围环境融为一体。"

一路上，刘菩看到许多大树的根基部位装有竹片围成的护栏，这些护栏有什么作用呢？章老师说，梅花鹿喜欢啃食树皮，如果树皮被啃光了，树就会死掉，装上护栏能保护树木。看来，保护区处处有"玄机"呢！

刘菩通过望远镜看到了好几只梅花鹿。她有些好奇："章老师，梅花鹿的鹿茸大概多久换一次？""鹿角每年换一次。今年刚生出来的小公鹿是不长角的，到明年春天长一根；后年春天掉落，秋冬再长出来，开一个叉；大后年再掉落，再开两个叉。等开到四个叉时，它们便成年了。"章老师回答。

刘菩看到保护站的围栏外，还有几只梅花鹿在活动。章老师说这几只梅花鹿是保护站放出去的，它们没走远，还在周围转悠。这些放出去的梅花鹿的脖子上都会戴一个项圈，这个项圈可以发射信号，一旦梅花鹿出现状况，保护站的工作人员就能及时给它们提供帮助。

请答题

野放梅花鹿脖子上的项圈不具备哪项功能？

A. 拍照　B. 计步　C. 测心率

嘉宾观点

小张：我选 B。我们研究梅花鹿生态习性时，拍照可以看到梅花鹿所处的环境，测心率可以监测它的健康，只有计步功能，我认为没有太大意义。

小泽：我选 A。拍照比较耗电，人类不可能经常去给项圈充电，所以我认为应该不具备拍照功能。

原来如此

放归后的梅花鹿脖子上的项圈不仅具备拍照功能，还可以记录它们所在的位置与运动量。项圈的数据每三小时回传一次，保护站的工作人员根据放归后梅花鹿的运动轨迹图，就可以找到它们常去的地方，了解它们喜爱的栖息环境，这样才能更好地保护它们，让它们在深山里安然自得地繁衍下去。

正确答案是 C，你答对了吗？

主持人：我们中国有着源远流长的老虎文化，中国人对老虎有着深厚的感情。接下来，就让我们一起去了解老虎的故事。

虎啸山岗的真真假假

身穿皮袄黄又黄，呼啸一声万兽慌。虽未统帅兵和将，也称山中一大王。

你猜到这是什么动物了吗？没错，色彩斑斓、威风凛凛的山林之王——老虎闪亮登场了！老虎在中国人的印象里是勇猛和充满力量的，人们把它们画下来，贴在门上；制作出虎头帽，戴在头上；缝出虎头鞋，穿在脚上……中国关于老虎的成语也很多：虎落平川、虎口逃生、如虎添翼、生龙活虎……古往今来，许多

一只正在动物园里散步的孟加拉虎

绘画作品也以老虎为题材：《上山虎》《下山虎》《卧山虎》……中国的生肖文化已经传承了 2000 多年，其中老虎为何如此受到人们的宠爱呢？这就要从老虎在我国的分布说起了。

广袤的中华大地上曾经广泛分布着好几个虎亚种。我们先为大家介绍中国特有的亚种——华南虎。没错，华南虎只有我们中国才有！华南虎也被人们称作"中国虎"，它们的足迹遍布华东、华中和东南沿海各省。我们老祖宗见过的老虎，大部分都是华南虎。

接下来介绍的是老虎王国的北境守护者——东北虎（又称西伯利亚虎）。它们是体形最大的虎亚种，生活在中国最寒冷的东北地区。它们看上去圆滚滚、胖乎乎的，大块头、厚皮毛都是它们能够在 -40℃的气温里生存的秘密武器。

除了我们熟悉的华南虎和东北虎，中国西南部还有孟加拉虎和印支虎存在过。在中国西北部，曾经有里海虎（分布于中国新疆的一支，又称新疆虎）的生活痕迹。历史上，中国曾经是亚洲地区分布老虎亚种最多的国家，中国人自然会对老虎非常熟悉。老虎在人们的心目中，早已成为彪悍勇猛、威风八面的神兽的象征。

中国科学院古脊椎动物与古人类研究所的徐哲老师告诉我们，中国人对于老虎的崇拜从未停止过。在距今约 6500 年的河南濮阳西水

威风凛凛的华南虎

坡遗址墓葬中,考古学家就发现了用蚌壳摆出来的老虎的形象,这说明中国古人对老虎的崇拜之情由来已久。

请答题

下图中老虎站在石头上仰天长啸的场景是否真实发生过?

A. 是　B. 否

嘉宾观点

安安：我选 B。老虎背上之所以有条状纹,就是方便隐藏在草丛中,它最忌讳的行为就是站在高处仰天长啸,那样所有的动物都会注意到它,还不全被吓跑了?

小玉：我选 A。梁启超在《少年中国说》中讲过"乳虎啸谷,百兽震惶",意思就是说,还在吃奶的小老虎在山谷中长啸,各种野兽听到了都会惊慌失措。

小泽：我选 A。刚才安安说老虎不会爬上山巅,它会暴露,可我的想法正好相反。老虎处于食物链顶端,几乎没有天敌。它捕食其他野生动物易如反掌,正应了那句话——在绝对的实力面前,任何技巧都白费。

小宇：我选 B。古诗里有很多关于老虎的描述，其中有提到老虎在山之巅饮泉水。我认为老虎不应该在山之巅作威作福，而是应该在森林和草丛中埋伏、捕猎。

小丽：我选 A。我曾经去过东北虎豹国家公园，那里确实是茫茫林海。不过，我还真找到了这样的地形——宽敞的平地上有一块高高的大石头，我觉得如果我能上去，老虎没准儿也能。

张劲硕博士：大家可能想当然地认为，老虎是百兽之王，所以老虎想怎么样就怎么样。其实因为百兽之王的地位，它需要抓猎物，结论与大家认为的恰恰相反：老虎是机会主义捕食者，成功捕食的概率是极低的。真要像画中那样去生存，老虎一只猎物都抓不着。

原来如此

北京大学生命科学学院罗述金教授：老虎站在石头上仰头长啸不是老虎生活的典型画面。什么猛兽有这种居高临下、一声怒吼的场面呢？答案是狮子或雪豹！密林和草丛都是隐蔽性很好的地方，老虎捕猎成功的基础就是这样隐蔽的环境。

我曾经去过尼泊尔的一个国家公园，对一只戴着颈圈的老虎进行追踪。当时我距离老虎特别近，大约十米，周围的象草足有两米多高，草原上一片寂静。当老虎不想被人发现时，它能隐藏得很好；而老虎愿意让你看到它时，就表明它不想攻击你，只想把你吓走。老虎真正想攻击猎物时，猎物连看到它的机会都没有。

正确答案是 B，你答对了吗？

主持人: 别看老虎威猛无比,其实在平时生活中,它们可是"精致一族"。接下来我们一起来看一看这些精致的"大橘猫"。

精致"大橘猫"的优雅生活

别看老虎是动物圈里的大明星,平时耀武扬威、气宇轩昂的,但其实,它们私下里是"精致一族"。老虎的吃住行,可谓动物圈的"顶级配置"了。今天我们就带大家来了解一下,老虎不为人知的精致做派。

精致老虎的餐桌礼仪

想要成为"精致"的王者,那可得从娃娃抓起。老虎宝宝和人类宝宝一样,离不开奶水。但随着兽性的不断萌生,它们要逐渐放弃奶水,开始学习吃生肉。作为森林之王,新鲜的生肉才是它们唯一的选择!不新鲜的肉是入不了顶级掠食者的眼的。一般来说，一只成年老虎一天要吃掉近20斤的生肉。锋利的牙齿、强劲有力的虎爪和惊人的咬合力都是老虎捕猎的重要武器。

精致老虎的前庭后院

除对吃特别挑剔外，森林之王对居住也有自己的独到见解：独栋大房子才能显示出霸主的地位！老虎和绝大多数高冷的猫科动物一样，喜欢独来独往。它们的领地意识极强，每一只老虎都有自己专属的领地，并且它们不好客。我们不免好奇，森林如此广袤，它们是怎么管理属于自己的领地的呢？别急，老虎用行动给我们上了一课。它拿出自己的看家本领——刨坑来宣示领地。除此之外，排泄、抓树干也是在向其他老虎传达"这是我的地盘，外虎未经本王允许，不得擅自闯入"的信息。

精致老虎的休闲娱乐

聊完了吃和住的问题，再来看看老虎在享受方面的独门秘籍。想不到吧，老虎竟然是游泳高手。食肉动物本来对水没有太多需求，为什么老虎的水性这么好呢？原来，老虎喜欢抓捕的猎物，会经常在河边出没。河边的植被茂盛，又为老虎伏击捕猎提供了良好的庇护。再说，谁不想在炎炎夏日，洗个痛快的凉水澡啊？

"啊——舒服！"作为最大的猫科动物，老虎自然继承了大猫家族的优良传统——讲卫生。用布满倒刺的舌头梳理毛发、去除污垢是它们每天的"必修课"。这么看，"大猫"的偶像包袱还是挺重的，它们需要随时保持王者的霸气啊！

野生老虎在杀死猎物之后会当场进食。

　　A.真的　　B.假的

嘉宾观点

小丽： 我认为是假的。老虎不会在捕食后立刻进食，文中说老虎都很精致，会非常有仪式感。

小泽： 我认为是真的。在老虎的领地里基本上没有比老虎更厉害的动物，所以它不需要去找一个安全的地方，它可以立马享用新鲜的、热乎的肉。

小玉： 我认为是假的。记得在珲春时，当地村民跟我讲了一个故事。人们在森林里发现了一只死狍子，怀疑是被东北虎猎杀的。因为在周围没见到老虎，人们认为是人类的活动打扰了老虎，此时只要走开就好，老虎可能还会回来。所以看到死狍子，村民并不敢逗留。根据这个故事我推测，它不会立即进食。

张劲硕博士： 老虎进食时会找一个相对安静、隐蔽的地方，这样才吃得踏实。捕猎后，多数大型猫科动物都要休息，因为耗费了巨大的体力和精力。我曾在印度观察过老虎。捕猎后，它会把猎物拖到树荫下，尽可能不被其他动物发现。原地吃、立马就吃的可能性是很小的。

北京大学生命科学学院罗述金教授： 我们都认为老虎是百兽之王，捕猎自然应该百发百中，其实，它捕获猎物的成功率是比较低的。一般捕猎10次才能成功1次。这就决定了它捕食时愿意捡大的逮。抓到一只野牛，它可以吃好几天。刚才有嘉宾说，吃剩的狍子放在地上，它还会再回来，这种情况是存在的。这吃了一半的动物，可能不是你的"菜"，却是老虎的，咱们别去招惹它，否则它就可能把你当成它的"菜"了。

正确答案是B，你答对了吗？

主持人： 无论我们对老虎有多么喜爱，也不管老虎曾经多么广泛地分布于中国各地，今天，中国老虎的生存现状却是岌岌可危的。在中国境内，野生东北虎的数量只有50只左右，而野生华南虎已经无法见到了。为了保护老虎的种群，许多动物园都开始人工繁育华南虎。接下来，我们就来看看这些在人类呵护下成长的小家伙。

为华南虎宝宝打针有绝招

华南虎作为中国特有的虎亚种，在野外已经很难寻觅。如今，人工繁育成为拯救华南虎种群的重要方法。截至2020年11月底，全球华南虎数量仅有221只。作为在野外已经消失的虎亚种，人工繁育工作的艰难可想而知。

可喜的是，从2017年开始，洛阳王城动物园每年华南虎繁育数量都超过10只。2021年，该动物园又成功繁育了11只小华南虎，给濒临灭绝的华南虎家族增添了新的成员。

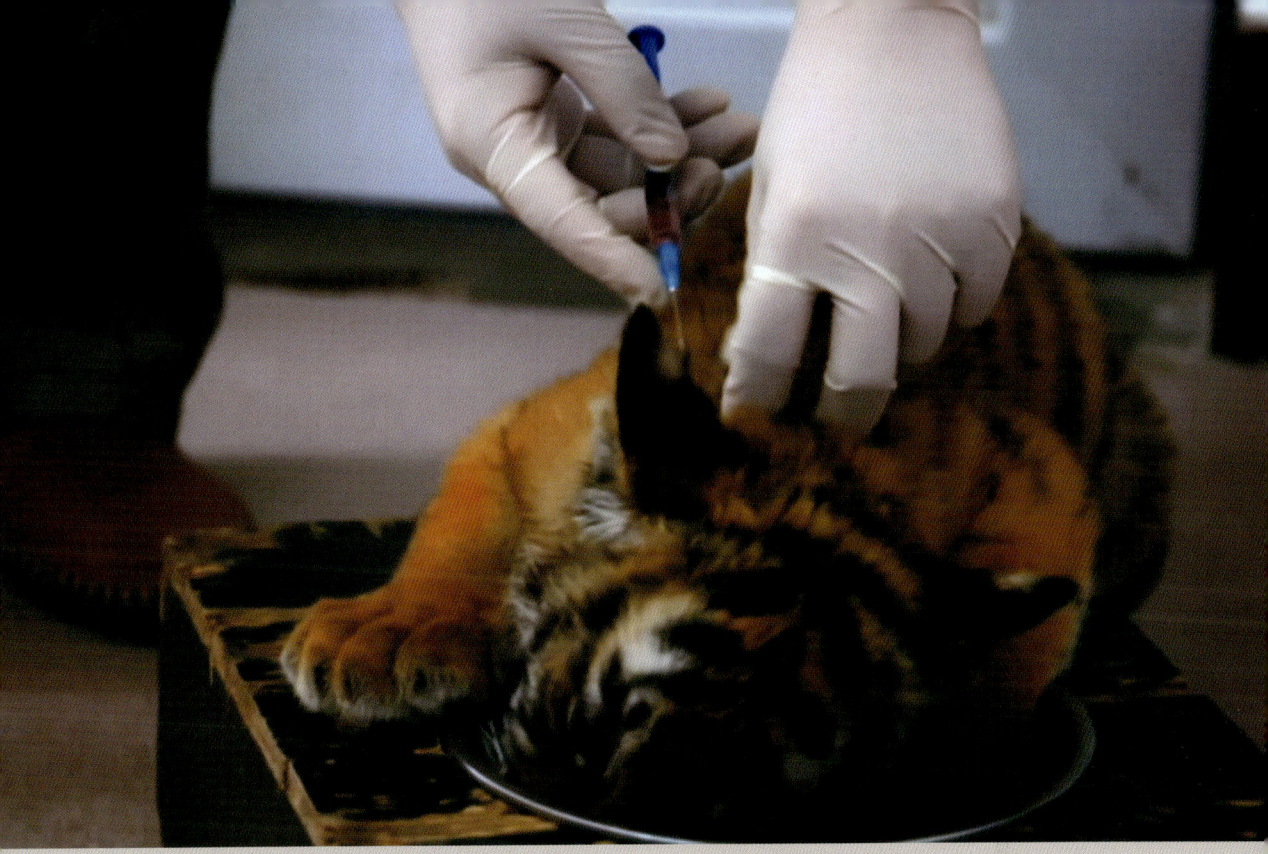

都说老虎的屁股摸不得,这里的饲养员却可以对它们"上下其手"。饲养员王师傅像照顾自己的孩子一样,每天给小华南虎按摩。小华南虎长大了,需要断奶。新的挑战是,在华南虎出生后第30天,王师傅要撤掉奶瓶,改喂小老虎鲜肉。"这个时候,小华南虎胃肠道发育还不完善,吃肉后可能会消化不良。为了顺利过渡,我们想了不少办法。"王师傅说。

刚开始,王师傅尝试直接断奶。他想着,等小华南虎饿了,自然会去吃肉。但是,小华南虎对肉实在不感兴趣——试验失败。接下来,王师傅在肉里加入了奶粉,搅拌均匀,试图用"爱屋及乌"的方法诱惑这些小家伙。可是,小华南虎干脆直接从盆子上跨过,对奶粉拌肉这种"人类料理"视而不见。两次尝试不成,王师傅使出绝招——他把肉剁得碎碎的,用手直接塞进老虎嘴里,让它们慢慢咀嚼。经过几番"斗智斗勇",小华南虎终于适应了肉的味道,成功断奶。

独立进食后,王师傅面临的第二个挑战是要为这些小华南虎打疫苗。虽然是猛兽,但是对于打针,它们和人类小孩一样,天生惧怕。尽管动物观察员和饲养员不停地安抚小华南虎的情绪，还试图用奶瓶喂奶，转移它们的注意力，可它们依然不受人的控制，又抓又挠。

一计不成又生一计。这次的计谋叫作"肉的诱惑"，初尝肉香的小华南虎会被转移注意力吗？

动物观察员把装有碎肉的碗摆在地上，一只小华南虎可能是玩累了，现在肚子正饿得咕咕叫。见到肉，它奋不顾身地冲上前，直接把脑袋埋进碗里，狼吞虎咽地吃了起来。见它吃得尽兴，饲养员手握针筒，趁其不备，拎住脖子上的一块皮肉，一针扎了进去，真是稳、准、狠！再看小华南虎，虽然感觉到脖子上有点刺痛，可面对香喷喷的大餐——算了，不管了，吃肉要紧，谁也不能阻拦未来的大王吃饭！"肉的诱惑"计谋成功啦！动物观察员和饲养员高兴得一蹦三尺高。

这群小老虎的健康成长，为华南虎种群的壮大带来了新的希望。在新的一年，我们希望洛阳王城动物园的华南虎家族能够再添新丁，多子多福哟！

请答题

老虎宝宝也会有标记自己领地的行为吗？

A. 有　B. 没有

嘉宾观点

小宇：我选 B。我觉得老虎宝宝不会有标记领地的行为。这是由激素的分泌情况决定的。在发情期或青春期后，老虎才会有标记领地的行为。

小玉：我选 A。老虎只有长大后才会标记领地吗？不是，正是因为长大后要做，小时候才要多练练手呀。

小泽：我选 B。小老虎应该是跟着母老虎生活两年多时间。此时的小老虎标记领地是没有用的，母老虎会对小老虎说："你别标记啦，你的（领地）就是我的，我的（领地）还是我的！标记了也没有意义。"

小丽：我选 A。老虎宝宝会有标记领地的意识，却没有标记领地的能力，但我想，它还是会去标记的。

张博士的科学小课堂

老虎虽然是百兽之王，但在野外，它也左右不了自己的生存环境。我们都知道，动物的发育是有阶段性的，包括人也一样。动物的某些行为是因为其身体里的激素发生改变，达到性成熟了，行为才会有所表现并最终发生。标记领地是在老虎独立了、开始谋求自我生存时发生的行为，这是老虎发育成熟的标志。

正确的答案是 B，你答对了吗？

奔跑在青海湖畔的普氏原羚

"扎西德勒！"藏族朋友星智老师在用藏语向小读者们问好。星智老师在青藏高原从事动物保护工作已有29个年头了，他也是一名生态摄影爱好者。今天，他带我们来到青海湖畔，去看看那里特有的普氏原羚。

据说，普氏原羚的数量最少时不足200只，如今已发展到近3000只了。

在星智老师身后，两只雄普氏原羚正在为争夺地盘而较量。打架结束后，获胜者不仅可以成为这片领地的主人，还拥有与这里多只雌普氏原羚的交配权。普氏原羚一年产羔一次，每次一羔，产羔季节一般在7月前后，这时，高原上的草最为丰美、茂盛。普氏原羚的藏语意思是"金色的羚羊"，在秋季，它们身着金棕色的"外衣"在茫茫草原上飞奔，成为草原上一道亮丽的风景。星智老师对我们的小读者发出了邀请："希望小朋友们有机会可以来青海湖观光，这里各种各样的小动物都期待你们的到来哟！"

请答题

普氏原羚奔跑时尾部的毛外翻、呈白色是为了（　）。

A. 警示　　B. 求偶　　C. 吸热

嘉宾观点

小张： 我选A。听说东北地区有一种和普氏原羚很像的动物，叫狍子。它在遇到危险时，尾部的毛也是外翻的。所以我认为普氏原羚这样的行为也有警示同伴此处危险的意思。

原来如此 资深科普达人杨毅：不仅是狍子，像蒙原羚、藏原羚等动物，都会在遇到危险时翻起尾部的毛，这是开阔地带食草动物独有的行为。这样做可以让同伴快速观察到情况并作出判断。

正确答案是 A，你答对了吗？

寻找攀岩高手

在我国西部高海拔地区，生活着善于攀岩的动物——岩羊。动物观察员罗春平为了找到岩羊并拍下它们的影像，经常登上陡峭的山峰。攀登山峰是一件危险的事，更不要说是在海拔 4200 米的高山草甸地区了。罗春平曾摔坏过脚，导致楔（xiē）骨断裂，其中的艰辛可想而知。

今天，罗春平计划再次向峭壁进发。只见他用双手紧紧抠住岩石缝隙，双脚踩在凸起的石头上，在峭壁间腾挪自如。起风了，罗春平有些喘不过气来。高原氧气稀薄，加上刮风，更让攀登工作难度增加了。不过，让罗春平兴奋的是，他发现了岩羊的脚印和粪便，这表示岩羊以及岩羊的天敌——大型肉食动物都在附近活动。

罗春平找到以前隐藏在岩缝中的一台远红外线相机。他查看相机，发现里面真的有几只岩羊匆匆经过的画面。瞧，一对岩羊母子出现在画面中，羊羔大约一个月大。

山上的风更大了,罗春平看着相机里的画面,被风吹得皲(cūn)裂的脸上露出了笑容。

请判断

岩羊会迁徙。

A. 真的　B. 假的

远红外线相机拍摄到的岩羊母子

嘉宾观点

小浩： 我认为是真的。岩羊生活在高山上,高山上的草非常少,平时它们为了寻找食物,肯定会把这边的草吃完,再换一个地方,去那边吃草。

张博士的科学小课堂

海拔4000米实际上是岩羊夏季经常出没的海拔高度,但到了冬季,因为海拔太高,这里的植物基本上都枯萎了。在这种情况下,岩羊会迁徙到2000~2500米海拔高度的地方。所以岩羊是会迁徙的,但不是水平迁徙,而是垂直迁徙。

正确答案是A,你答对了吗?